战略 | 数字 | 技术 | 运营

埃森哲

2015年1月

内容提要

随着越来越多的“物”实现互联互通、变得智能化，商业模式将被重塑。本书包含埃森哲在产业物联网研究领域的三篇力作：《产业物联网——业务增长新引擎》、《物联网银行》以及《产业物联网背后的政策选择》。此外，本书还包括对埃森哲全球副总裁、大中华区主席李纲的访谈，他就中国咨询市场的变迁、本土咨询人才的培养等话题畅谈了自己的观点和感悟。另外，企业家们在数字经济时代正面临的热点和难点，以及关于创新体系和技术的应用，也可在本书中找到埃森哲人的解读。

本书可供企业管理人员及研究人员参考、阅读 。

图书在版编目（CIP）数据

产业物联网——业务增长新引擎 / 埃森哲中国 编.— 上海：上海交通大学出版社，2015

（埃森哲展望系列）

ISBN 978-7-313-12598-9

Ⅰ.①产… Ⅱ.①埃… Ⅲ.①互联网络-应用 ②智能技术-应用 Ⅳ.①TP393.4 ②TP18

中国版本图书馆CIP数据核字(2015)第015915号

产业物联网——业务增长新引擎

编　　者：埃森哲中国

出版发行：上海交通大学出版社　　地　　址：上海市番禺路951号

邮政编码：200030　　电　　话：021-64071208

出 版 人：韩建民

印　　制：上海华业装璜印刷有限公司　　经　　销：全国新华书店

开　　本：787mm × 1092mm 1/16　　印　　张：8.25

字　　数：109千字

版　　次：2015年1月第1版　　印　　次：2015年2月第2次印刷

书　　号：ISBN 978-7-313-12598-9/TP

定　　价：50.00元

新常态 新展望

自《展望》在中国创刊发行以来，已经走过了十余个春秋。这本凝聚着埃森哲人经验和智慧的刊物一直紧扣中国经济和企业发展的脉搏，扮演着传播知识、把脉趋势和分享洞见的重要角色。2015年，在中国经济迈入新常态之际——《展望》也全面改版全新亮相。除了新的外观设计，增加Kindle 版本和更加多样化的发行渠道外，我们在内容方面更是精心打磨，希望能给读者带来全新的阅读体验。在传统的商业和管理内容之外，我们将更注重探讨在这个技术商业融合的时代，如何运用技术来推动商业发展；在延续博采众长传统的同时，我们会更加聚焦中国、贴近本土。

作为改版后的首期内容，我们郑重向您推荐有关产业物联网的三篇力作。互联网发展到现在，正在走向万物互联的时代。互联网作为一个产业会走向消失，因为所有产业都会互联网化。随着越来越多的“物”实现互联互通、变得智能化，商业模式将被重塑。《产业物联网——业务增长新引擎》这篇文章正是从这个角度探讨企业如何借助这一新技术，实现商业模式变革，从而为客户和企业自身创造出全新价值。另一篇文章《物联网银行》则以银行业为例剖析物联网对银行带来的颠覆性影响。面对产业物联网的发展，各国政府无不希望能抓住这一历史性的机遇。《产业物联网背后的政策选择》一文，促使政策制定者们思考如何在宏观层面推动产业物联网技术的商业化，从而最大限度发挥它的经济价值。

中国已不再是数字经济的追随者。排名世界第一的互联网人口、丰富多元的数字商业生态、现象级的互联网巨头，标志着中国正成为全球数字经济的领跑者之一。中国的企业家们正积极拥抱互联网带来的变化，努力攀登新的增长曲线。 在《抢占数字融合市场制高点》一文中，您将看到传统行业与其他行业的数字融合正成为市场新常态，为多个传统行业的成长提供了新动力。B2B 电商、电信运营商的转型、CMO和CIO的合作、新型的能源消费者等这些企业家们在数字经济时代正面临的热点和难点，您也将在本期杂志中找到埃森哲人的解读 。

商业和技术的发展史就是一部创新史。互联网的发展给中国企业家带来更大的创新空间。《拥抱开放式创新》一文认为，过去那种“一切答案，尽出于我”的内部创新模式已经不能满足企业发展需求。企业需要打开创新大门，最大限度地利用外部资源，建立“高度互联互通”的开放式创新体系，以更好地满足客户需求。其他新兴技术，如3D打印、无人机给企业的运营模式创新带来更多可能，希望本期刊登的两篇相关文章能给您带来诸多启发。

本期内容精彩纷呈，也映证着我们这个世界的多元和变化。在这个新的商业时代，我们期待着新《展望》能继续成为您工作和思想的好伙伴——让您开卷有益是我们最大的心愿。

最后，恭祝各位新老朋友新春快乐，三羊开泰，万事亨通！

埃森哲全球副总裁、大中华区主席

李纲

目录

编者按 | 新常态 新展望

访谈 6 | **埃森哲全球副总裁、大中华区主席李纲**

从埃森哲休斯敦办公室第一名亚裔员工，到如今领导并管理着万名员工的埃森哲大中华区主席，李纲用 30 年的时间证明了一位中国职业经理人的能力和智慧。

封面文章 14 | 物联网

产业物联网——业务增长新引擎

瓦利德・纳吉姆 (Walid Negm)，黄伟强
艾伦・E・奥尔特 (Allan E. Alter)，刘东

产业物联网蕴含着巨大商机，除了常见的提高运营效率之外，它还能帮助传统产品企业向产品加服务的新商业模式转型，从而创造出全新客户价值和收入来源。

26 | **物联网银行**

伊恩・韦伯斯特 (Ian Webster)

物联网将为金融服务企业创造前所未有的机遇，助其向客户提供近乎实时的量身定制的咨询、产品和服务，彻底颠覆传统银行的服务模式。

36 | **产业物联网背后的政策选择**

马克・帕迪 (Mark Purdy)

推出一项变革性技术并不意味着就能实现经济效益的最大化。要释放出产业物联网的全部潜力，政府要从政策层面创造一些关键性条件。

特写

42

趋势

抢占数字融合市场制高点

李纲，陈旭宇，高爽怡

如今，跨界竞争已成为常态。企业若想在支付、购物、视听和出行四大数字融合市场获得竞争优势，必须培养一流数字化能力，并进行数字化转型。

54

企业战略

数字 2.0 时代 B2B 电商战略

王嘉华

B2C 电商如日中天，B2B 电商却方兴未艾，但后者的市场规模和发展潜力，远远大于 B2C 电商。在数字化 2.0 时代，B2B 企业需要一套全新的电商发展战略。

68

创新

拥抱开放式创新

邱静，马苏德・劳曼尼（Masoud Loghmani）

企业需要打开创新大门，打造敏捷、高效、具备成本优势且可持续的创新型组织，建立“高度互联互通”的开放式创新体系。

80

营销

从画地为牢到通力合作：CMO 携手 CIO，打赢数字营销之战

周汉擎，林俊彬

新的数字时代给企业营销工作带来全新挑战，面对全新挑战，CMO 和 CIO 不应再各自为战，而是要携起手来，汇集力量，共同赢得数字时代的消费者。

90 新兴技术

挖掘 3D 打印的颠覆性潜能

罗斯·拉斯马斯（Russ Rasmus），苏尼·韦伯（Sunny Webb），马修·肖特（Matthew Short）

在全新的数字化商业版图中，3D 打印技术无疑是其中重要的一块拼图。借助数字化供应网络，3D 打印技术能够推动企业创新、创造新价值并颠覆传统商业及运营模式。

100

迈向商用无人机时代

纳瓦德（Walid Negm），穆兰祈（Pramila Mullan）

如今商用无人机市场正蓄势待发，应用前景广泛，甚至有可能彻底改写企业未来的运营方式。

行业洞察

108 能源

把脉新能源消费者

丁民丞，张宇

智能手机、互联网、社交工具以及新的消费模式，造就了一批联系密切且需求多样的新能源消费者群体。如何有效服务于这批新能源消费者？成为能源企业管理者的新命题。

120 通信 / 企业战略

用户体验为王：移动运营商转型突破点

黄国斌，郭立

中国的移动运营商们面临着前所未有的挑战：传统语音和短信业务增长乏力，市场不断被侵蚀。严峻的形势迫使移动运营商开始向数字服务提供商转型。

基业常青

本期人物：

埃森哲全球副总裁、大中华区主席李纲

从埃森哲休斯敦办公室第一名亚裔员工，到领导上万名员工的埃森哲大中华区主席，李纲用30年的时间证明了一位中国职业经理人的能力和智慧。30年来，他始终供职于一家公司，并一手创建了埃森哲中国。可以说，他个人早已与公司休戚与共。自20世纪90年代代表公司回国创业至今，他不仅见证了、更是参与了中国本土咨询市场以及中国企业的成长和建设。本期《展望》就中国咨询市场的变迁、本土咨询人才的培养、跨国公司及本土企业的发展等一系列问题，采访了埃森哲全球副总裁、大中华区主席李纲。

/ 人物小传

李纲 曾就读于复旦大学物理系，之后在美国休斯敦大学取得电子工程硕士学位。1985年在美国加入埃森哲，曾在美国、阿根廷以及中国香港等地生活和工作。1998年就任埃森哲中国区董事总经理。如今，作为埃森哲全球副总裁、大中华区主席、埃森哲全球领导委员会成员，李纲在大中华区领导着一支约一万人的队伍。

时不我待，与时俱进

《展望》：中国咨询业在2000年以后才迎来高速发展期，而埃森哲早在1993年就已进入中国市场。请问公司当时进军中国市场的战略考虑是什么？

李纲：埃森哲1993年进入上海、1994年进入北京。尽管我们知道当时中国咨询市场尚未成熟，但改革开放已经十几年了，整个中国经济充满活力，发展潜力巨大，公司高层认识到中国市场蕴藏着商机。我们不能一味地等待，而要未雨绸缪，有计划、有目的地开展一些工作，提早准备，一旦市场开始成熟、加速的时候，我们就能先人一步、抢占商机。

在这个过程中我们也做了一些市场培育工作，在公司内部也进行了大量人才储备。这些都为埃森哲中国日后的高速发展奠定了基础。比如，公司现任的一些高管不少都是20世纪90年代初加入公司的。

《展望》：刚进入中国市场时，埃森哲的客户名单中70%是外资企业，30%是国内企业；而如今这一比例发生了逆转。请问这一有趣的数字变化背后说明了什么?

李纲：数字变化的背后首先反映出中国企业实力的增强，越来越多的中国企业有了运营优化、IT技术方面的需求，但更重要的是反映出企业管理者观念上的转变。

我记得埃森哲刚进入中国时，国内企业乍一听是咨询公司，觉得满头雾水，不清楚咨询公司到底是做什么的。经过解释，管理者的反馈往往是，计算机硬件我们自己做不出来可以买；而计算机软件，我们可以自行开发。至于咨询服务，只有企业自己最了解自身的情况，所以起初很多企业并不太认可咨询公司的作用。

当时还有些企业却走向另一个极端，非常不现实地认为咨询公司就是点子公司，一个点子就像万灵丹，让企业的问题迎刃而解。这些都是市场不成熟的表现。

后来企业领导层逐渐意识到，光有硬件没有软件，并不能很好地解决管理问题。而使用国外企业的成熟软件，会比自己从头开发、重复劳动更有效率。当这一观念转变过来之后，企业便开始逐渐接受国外管理软件了。但是，很多企业仍想当然地认为有了硬件和软件，管理水平自然就能提高。

于是又发展到第三步，即企业开始慢慢意识到软件、硬件必须要结

“企业开始慢慢意识到软件、硬件必须要结合公司的具体情况才能发挥功效。”

合公司的具体情况才能发挥功效，需要根据公司的业务流程、组织结构做很多调整。而整个实施过程，就是管理优化的过程，把好的做法引进来，不好的地方改掉，然后再固化到软件里，接下来各个部门之间的协同效应就能发挥出来，而这需要科学的方法和丰富的经验。

可见，中国企业对咨询公司，特别是技术类咨询服务是有一个接受过程的。20世纪90年代末，中国大型国有企业改组上市的帷幕拉开之后，埃森哲的市场机会真正到来，公司业务量迅猛增长。现在我们80%以上的客户都是中国本土企业，而其中50%以上的客户与我们已有超过5年的合作关系。

“结合中国市场情况，特别是客户企业的情况，有针对性地提出咨询建议，因为只有这样，才能给客户带来最大价值。”

《展望》：除了观念上的转变，中国企业对咨询服务的要求是否也有变化？

李纲：当然，服务中国企业20多年，我最大的体会就是中国客户对于咨询服务的需求更加成熟，概括起来有三点：一是从单纯的企业战略咨询，升级为通过流程优化和信息系统实施，加深企业管理、运营和技术各个层面的集成与整合；二是从希望迅速解决企业短期业务难题，升级到谋求长远规划与产业价值链布局，例如提升企业全球管理能力、长期人才战略与组织架构、大数据时代的数字化商业能力等；三是中国客户对智力型咨询服务的价值研判更加客观，已从最初的不太认同转为逐步认同，再到目前，客户会通过具体咨询项目的实施结果来判断和比较不同专业服务的实际价值。

根植中国，融会贯通

《展望》：我们都听过南橘北枳的典故，那么埃森哲把国外的技术和服务引入到中国，是否会遇到水土不服的问题？埃森哲又是如何解决的？

李纲：首要一点是人才的本土化。现在大中华区约有1万多名员工，其中90%都是本土员工，只有10%是外援或协助我们的专家。怎么能把国外的先进做法、案例结合到中国企业的实际情况中，这是一个非常重要的问题。全盘照搬、生搬硬套肯定不行，一味强调中国企业的特殊性，认为国外先进经验没有用武之地也不行。而要真正做到两者结合、融会贯通，实际上是需要时间和一个个项目的积累，不是一朝一夕的事。由于我们进入中国市场比较早，过去20多年中积累了不少相关经验。

其实，我们仔细分析会发现，无论国内客户还是国外客户，都存在一些共性，管理是相通的。对于咨询公司而言，无论客户是谁，关注企业“一把手”最关注的事情是第一要务。个性方面，就管理和技术咨询而言，相比成熟市场，中国市场仍落后很多年，西方企业十年前做的事情，中国企业也许现在才开始做。从另一个角度看，中国企业虽然起步比较晚，但发展速度很快，赶上国外市场只是时间问题。

另外一点区别是，中国企业往往体量庞大，比如我们在国外为一个客户做人力资源系统，可能几万人已经是很大规模了，但在中国一个大型国企可能有上百万员工，做上百万员工的人力资源系统与几万人的系统，其复杂程度不可同日而语。

与此同时，中国企业相对于西方企业又有它的单一性，比如说语言、文化的单一性。在国外，一个几万人的公司，其员工可能来自五大洲几十个国家，因此人力资源系统既要考虑巴西的劳工法，又要顾及法国的劳工法以及德国工会的力量等等，这是一个比较复杂的局面。而在中国，即便是一家拥有上百万员工的企业，由于人员绝大多数都来自国内，所以人员构成相对简单。

因此我们在给国内企业做咨询项目的时候，绝不会生搬硬套国外的项目经验，而是基于两者的差异，有的放矢地借鉴部分经验，更重要的是结合中国市场和客户企业的实际，因地制宜。只有这么做，才能给客户带来最大价值。同时，在整个过程中离不开优秀本土顾问的相助，这也是我们一直致力于培养本土人才的原因所在。

以人为本，团队至上

《展望》：您谈到人才问题，我们都知道，咨询行业是一个轻资产行业，咨询公司最大的资产就是人才。能否谈谈您在人才培养，尤其是本土人才培养方面的经验？

李纲：的确。咨询业不同于制造业，多建几条生产线就可以扩产。咨询业依靠的是优秀人才，一名咨询顾问没有经过导师长期的指导和多年实战，短时间之内是很难出类拔萃的。与此同时，由于知识更新快、对人技能要求高、工作节奏快、压力大等原因，咨询业又是一个人才流动比较快的行业。

如何把员工凝聚在一起，给客户创造最大价值。我认为关键是两点：完善的培训计划和团队文化。

埃森哲内部有一个全球知识管理系统Knowledge Exchange。我们鼓励所有员工通过这一系统和全球同事分享各个行业的最佳实践、项目经验以及前沿理论，这是一个知识共享平台，几乎每一个新手想求教的问题上面都能查到。这种完备的知识管理体系可以有效应对人员流动率高的问题。

另外，公司每年都会花费数亿美元给员工进行专业指导和技术培训。在埃森哲的全球学习门户网站上有两万余种各类在线课程，员工可以随时随地参加各类在线培训。

这种学习机会对每一个埃森哲员工来说都是均等的，面对海量的知识库，每个人都要培养出快速学习能力。咨询公司给客户提供的是知识和经验，载体是人，咨询顾问常常要面对有着十几年甚至几十年行业经验的客户。这些客户来找咨询公司时，往往是遇到了棘手的问题，不仅如此，客户还往往要求在一个有限的时间窗口内解决这些问题，所以咨询顾问的工作不仅复杂度高、强度大，对员工的智力也是极大挑战。咨询顾问如何把学到的知识和经验整合到新项目中去，以最快的速度切入问题的核心，提出解决方案，需要很高的能力。

埃森哲在挑选新人时，在校成绩只作为反映其学习能力的参考，承压能力和团队协作精神也是重要的考量因素。我们根据多年经验发现，缺乏后两者的人往往无法成为一名优秀的咨询顾问。

另外，在埃森哲，每一位员工除了自己的直线领导之外，都配有一名职业导师，员工可以就自己的职业困惑、业务难题畅所欲言地与导师交流，并能得到导师诚挚的帮助。

除了这些有形的培训、导师指导之外，埃森哲还十分重视企业文化建设。埃森哲的文化强调的是团队精神而不是个人。由于埃森哲所面对的都是大型客户，一个项目动辄需要几十人甚至上百人的团队才能完成，因此一个项目的成功往往也是团队成员之间协作的结果。一个想在团队中一枝独秀的人是不可能持续成功的。为了传承和延续埃森哲的公司文化，我们会把员工送到世界各地分公司去学习，学习如何跨国、跨文化合作。

“

跨国公司若想在中国市场深耕细作，从战略到执行力层面都应做出改变。

利器汇智，明道卓越

《展望》：作为一家国际咨询公司，埃森哲能接触到国内外不同类型的企业，并亲身参与到企业的战略制定及具体实施中去，相信这会赋予您一个比较独特的观察视角。您对在中国开展业务的跨国公司有什么建议？

李纲：我认为跨国公司若想在中国市场深耕细作，从战略到执行力层面都应做出改变。

第一，公司高级管理层要设在中国。绝不能仅仅指望将现有的业务模式移植到中国就可以获得成功。业务模式、产品和服务以及运作都必须根据中国市场加以定制。所以，公司高层应该到中国来工作，而且不应只限于在北京和上海，因为这两个大都市已跟西方主要的商业中心相差无几。高管们需要把眼光放得更长远一些，去看看中国其他一些高速发展的二、三线城市。

第二，中国业务的负责人应该直接向公司CEO汇报。中国市场中的多数行业发展迅速，所以公司拥有一套快速反应的机制非常重要。但是在很多跨国公司，中国区的最高管理者与公司CEO之间隔着两层、三层甚至是四层的汇报等级。这样的层级制度减慢了决策速度，并可能影响到最终执行结果。

第三，公司管理层和董事会中要有中国业务代表。到现在，跨国公司董事会仍然是欧美人的天下。公司要想在中国市场取得成功，就必须在所有高层决策中更多地考虑中国的情况。

第四，公司在中国要具备完备的职能部门和各项能力。跨国公司需要在中国设立核心的职能部门并投入顶尖的资源。

第五，公司应制定针对中国市场的本土化策略。在北美和西欧，由于运营环境和客户偏好更加成熟，市场更加同质化，为了在各国快速拓展业务，很多公司弱化了国家管理的概念，而是倾向于跨地区、以产品为导向的业务单位管理模式。但是，中国市场更加复杂，本土化策略尤为关键。

> “随着内外部环境的变化，中国企业曾经拥有的‘低成本’优势逐渐消失，这就迫使企业管理者要重新审视自身发展战略，实现转型升级。”

《展望》：您又是如何看待中国企业的国际化的？

李纲：一直以来，国际化都是中国企业界的热词，似乎成了企业做大做强的代名词。我认为，企业应该冷静对待国际化。比如，有的企业在中国市场都没有做好，非要跑到国外市场，但国外市场的不可预见性更强，也会更难做。我们要看到，经济全球化之后，中国的大部分行业已经是全球市场的一部分，所谓的全球化和国际化，实际上在本土市场上已经实现，因此千万不能忽视本土市场，要想国际化，首先要把本土市场做好。任何时候，企业的首要任务是练好内功，无论是产品研发、市场营销，还是供应链管理，不能有明显的短板，如果内功不够，贸然走出去恐怕会铩羽而归。

《展望》：那中国企业如何修炼内功？

李纲：这就涉及企业的转型升级问题。过去30年中国经济高歌猛进，企业好像乘坐在一艘高速行驶的大船上，只要顺势而为便可以取得不错的业绩。而今，随着内外部环境的变化，中国企业曾经拥有的

“低成本”优势逐渐消失，这就迫使企业管理者要重新审视自身发展战略，实现转型升级。我认为中国企业转型升级需要建设三大内在能力：

首先在战略布局上，中国企业要从顺势而为的市场机会主义，转型到兼顾当前及未来的“多重地平线”战略。该战略分为三重：第一重，扩展并保护核心业务；第二重，建立新增长业务平台；第三重，为未来更长远的业务选择种子。

其次是打造核心竞争能力。中国企业需要从建立人无我有的基础生产和服务能力，到打造人有我优的差异化竞争力。

最后是高效管理，从被动反应、模糊、随意的管理，到建立细致、标准化、可预见的高效管理。此外，中国企业还必须在领导力、组织、人才、文化等方面塑造转型能力。

《展望》：2015年是您加入埃森哲公司的第30个年头，而埃森哲是您供职过的唯一一家公司，请问是什么因素激励您一如既往地服务于埃森哲？

李纲：这份工作的新鲜感和挑战性始终吸引着我。在埃森哲工作，人永远不会感到枯燥，因为这个工作不断逼迫人快速学习新知识，同时还要能很快抓到问题的核心，把看上去很凌乱的问题理清楚。另外，埃森哲的公司文化也是我十分认同的，更不用说每天都能跟一群志同道合的同事一起工作了。我想，这些都是激励我一路走到今天的原因。

而我本人对埃森哲中国更是有着割舍不下的情怀。服务中国客户20多年来，通过一个个咨询项目，我们真真切切地参与到中国经济的发展中去了，见证甚至帮助一批中国企业变大变强。中国是世界最充满活力的经济体，在这样的大环境中，与客户一起成长、与中国经济一起成长，何其幸也！

封面文章
物联网

产业物联网——业务增长新引擎

瓦利德·纳吉姆（Walid Negm），黄伟强，艾伦·E·奥尔特（Allan E. Alter），刘东

产业物联网是物联网、万联网、工业互联网以及“工业4.0”等概念的进一步拓展，产业物联网通过连接工业产品、流程、服务等各个环节，实现人、数据和机器间的自由沟通。产业物联网背后蕴含着巨大商机，除了提高运营效率之外，传统产品生产企业也能借助产业物联网，向“产品+服务”的新商业模式转型，从而催生出全新客户价值和收入来源。

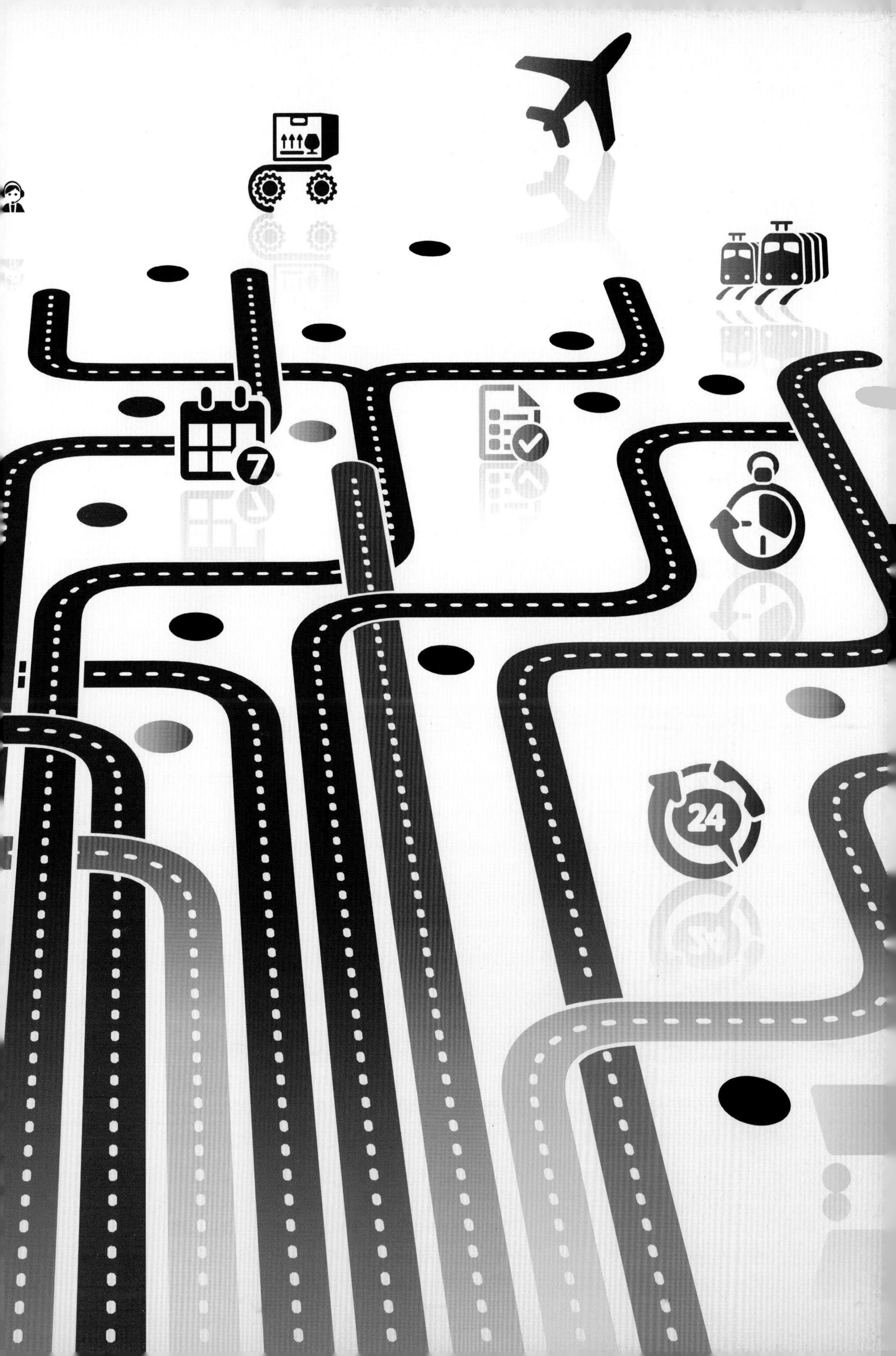

随着传感设备正不断向小型化、廉价化和复杂化发展，未来会有越来越多的物品连接到互联网中，并变得智能化，随之而来的将是海量数据。对这些数据的分析、解读及利用可以带来巨大商业价值。据最保守的估算，2012年全球产业物联网支出达200亿美元，至2020年有望增至5000亿美元。乐观估计，至2030年，全球GDP总量中高达15万亿美元的产值都将来源于产业物联网范畴。

目前，企业对产业物联网的应用普遍还集中在降本增效方面。然而，有一些开拓型企业并不仅仅满足于成本节约以及运营效率的提高，它们在积极挖掘产业物联网更大的商业价值，进而催生出全新的收入来源。诸如德国克拉斯公司、采埃孚集团、通用电气、米其林公司，它们正利用产业物联网不断创新，为客户带来更具价值的产品及服务。而行动迟缓者，不仅会被行业内的开拓者超越，而且还面临着来自行业以外的跨界竞争。因为在这个“商业全面数字化”的时代，行业界限正日益模糊，跨界竞争成为常态。

要想在这样的市场环境中获得成功，企业管理人员需要在宏观层面再造业务模式和市场营销战略，重新布局核心业务；在产品、服务和流程等方面，引入智能化技术；并将新的信息技术大规模运用到生产制造和产品设计中去。对企业而言，产业物联网不仅能帮助其捍卫现有市场不被侵蚀，还能带来新的增长机遇。只有清醒地认识并把握这些机遇，才能在与新兴对手的竞争中掌握主动。

迈向混合商业模式，开辟全新收入来源

“产品+服务”的混合商业模式并非概念上的创新。但由于产业物联网的出现，大批智能设备得以联网，并源源不断地传输出数据，为传统产品型企业向服务型企业转型提供了基础。企业可以将产品销售和租赁相结合，同时通过向客户提供配套的数字化服务获得新的收入来源。“产品+服务”的混合商业模式带来的增加值远远不止提升产品性能、增加产品销量这么简单，它真正以客户为核心，解决客户未满足的需求或者业务痛点（见图1）。

企业可以考虑从以下四点着手打造新的商业模式：突破常规，重新思考客户价值；成为最具价值的信息供应商；与合作伙伴分享数据，实现共赢以及借助客户洞见，加快产品创新。

突破常规，重新思考客户价值

毫无疑问，服务销售的业务模式和运营模式都有别于产品销售。那么，什么样的模式才是最佳模式？答案是突破常规，为企业和客户双方都能带来价值的模式。

图1中提到的米其林集团的创新实践值得借鉴。2013年，米其林解决方案部门推出了一项产业物联网的应用服务——Dubbed EFFIFUEL。该部门通过在卡车引擎和轮胎上装备传感器来收集燃油消耗、胎压胎温、车速以及位置等数据，传感器会将

（下接第18页）

图 1 “产品 + 服务”的混合商业模式

通用电气

通用电气公司由其飞机引擎制造业务衍生出来的引擎检修业务，正迈向预防性检修模式，并逐步拓展至机群维护服务。

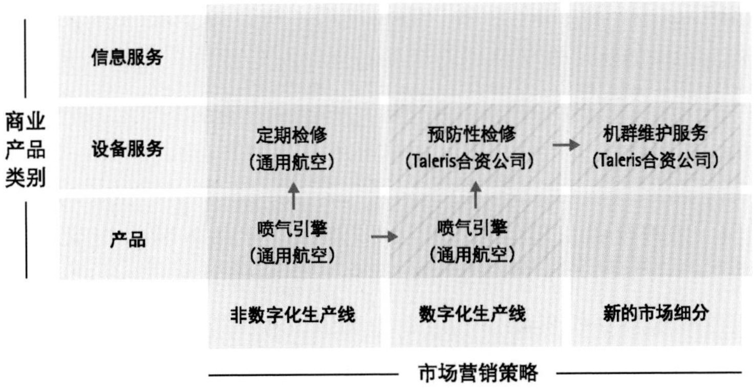

商业产品类别
信息服务
设备服务
产品
定期检修（通用航空）
预防性检修（Taleris合资公司）
机群维护服务（Taleris合资公司）
喷气引擎（通用航空）
喷气引擎（通用航空）
非数字化生产线
数字化生产线
新的市场细分
市场营销策略

米其林

米其林公司帮助卡车车队经理减少燃油消耗和成本，并向其按驾驶里程销售轮胎。

商业产品类别
信息服务
设备服务
产品
降低燃油消耗服务（米其林解决方案）
轮胎服务模式（米其林解决方案）
轮胎（米其林）
装有传感器的轮胎（米其林）
非数字化生产线
数字化生产线
新的市场细分
市场营销策略

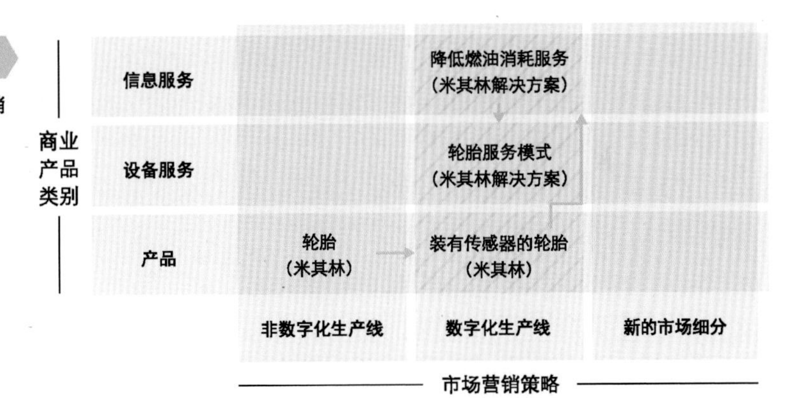

德国克拉斯公司

克拉斯公司所开发的设备可为农户提供自动化的指导服务，例如针对如何提高产量、减少损耗提出建议，或是实现设备性能的自动优化。该企业现正与其他团体合作，通过365FarmNet市场平台为种植户提供相关的信息服务。

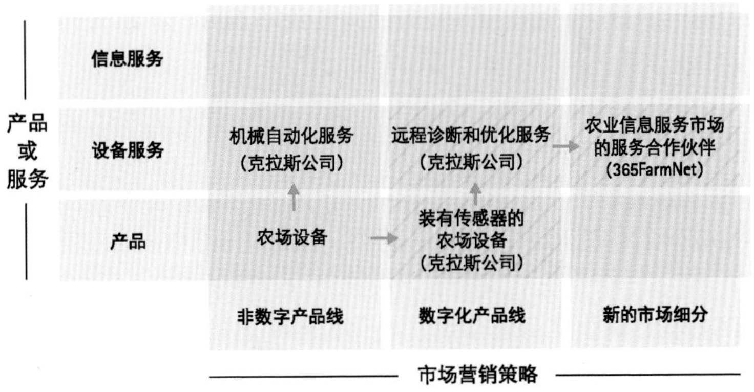

产品或服务
信息服务
设备服务
产品
机械自动化服务（克拉斯公司）
远程诊断和优化服务（克拉斯公司）
农业信息服务市场的服务合作伙伴（365FarmNet）
农场设备
装有传感器的农场设备（克拉斯公司）
非数字产品线
数字化产品线
新的市场细分
市场营销策略

关键

信息服务以数据和洞察为产品，或提供数据产品市场管理服务。

设备服务的销售范围包括产品运营和服务优化，以及采用服务或绩效收费模式的相关产品。

资料来源：各公司网站 。

（上接第16页）

这些数据上传至云端，米其林分析团队经过分析后向车队管理人员提供建议，从而帮助车队减少燃油消耗，每百公里最高可节约2.5升燃油。不但如此，米其林更将服务范围进一步扩大，为卡车车队提供更为人性化的咨询服务，包括驾驶员培训、优化方案等。而收费模式方面，米其林对“按需付费”的概念进行了创新，即客户可根据轮胎行驶公里数付费。

无独有偶，戴姆勒公司也借助数字化服务为客户带来新的价值。公司为用车者提供灵活便捷的汽车租赁服务Car2Go，客户只需通过应用程序找到离自己最近的车辆，使用会员卡打开车门就可以驾驶。开到目的地后，客户只需把车停在街边锁上车门就可完成整个租车过程。与传统的出租车服务或是Uber等其他租车服务相比，Car2Go具有明显的价格优势及便利性，而这两点对租车者而言都至关重要。付费方面，客户可以选择按里程或是按小时、按天等不同方式计费。Car2Go服务不仅费用比出租车低，还不用预定、下单和还车，真正做到随停随用，其便捷的服务方式打破了租车行业的常规商业模式，实现了企业和用户的双赢。

“企业可以与商业生态圈中的其他各方通力合作，充分挖掘大数据价值，将其转化为数字化服务，实现客户、企业及合作伙伴的共赢。”

成为最具价值的信息供应商

相比产品销售模式，服务销售模式有一大天然优势，就是与客户的充分互动。在产品销售模式下，只有当客户的产品出现问题时，才会与厂商交流。而服务销售模式则不然，在销售过程中，企业可以与用户多次互动，从而有助于建立互信，提升客户忠诚度。

俗话说孤掌难鸣，要为客户提供优质的信息服务，很少有企业自身就能具备所有必要的技能，因此寻找合适的商业合作伙伴至关重要。例如由安联、拜耳及农用设备制造商德国克拉斯公司、AMAZONEN-WERKE H. Dreyer等公司组成的365FarmNet联盟。该联盟构建了一个农用信息集市，农户可以向联盟中任何一家公司购买GPS数据、病虫害诊断信息、农作物和化肥相关数据等，制定种植计划。这样一来，克拉斯和AMAZONEN-WERKE将自身的产品变成了平台，第三方可以借助它们的农用设备提供信息服务。

与合作伙伴分享数据，实现共赢

在数字化时代，信息传输的边际成本几乎为零，从而为商业合作伙伴之间的信息共享提供了便利。企业可以与商业生态圈中的其他各方通力合作，充分挖掘智能设备所生成的大数据价值，将其转化为数字化服务，实现客户、企业及合作伙伴的共赢。

但是企业在商业信息共享方面往往存有顾虑，即使是最亲密的商业伙伴，也不愿与之分享更多的运营信息，哪怕会因此而损害生产效率。

企业管理人员谨慎对待有价值的敏感信息无可厚非，但是在产业物联网时代，这样做可能并非明智之举。一方面，借助产业物联网技术，企业可以强化对供应链及运营流程的控制；另一方面，未来企业间的竞争不再局限于单打独斗，而是不同生态圈之间的竞争。对于大多数企业而言，虽然自身还没有能力成为生态圈中的核心企业，但找到并加入适合自身的生态系统，与圈内企业实现共赢是未来制胜的关键。例如，埃森哲与通用电气合资的机群优化企业Taleris（详见《案例：Taleris》），Omnetric与西门子合资的智能电网企业以及365FarmNet联盟等，都是企业间优势互补、开发新服务、拓展新客户群的范例。

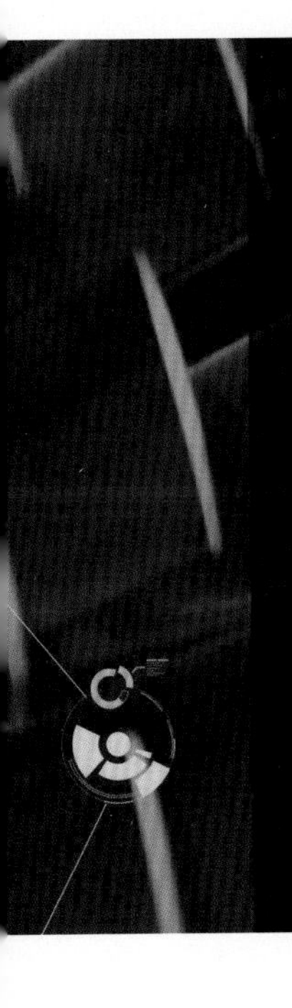

案例：Taleris

每年，航空公司都会因航班延误和取消而蒙受大量损失，并造成客户的流失。为此，埃森哲和通用电气航空集团在2012年共同组建了Taleris公司，它可以帮助航空公司减少航班延误和取消情况，进而提升航班运行效率，它是如何做到的？

Taleris公司为全球30多家航空企业提供机群优化服务。该项服务结合了通用电气在军用和民用领域逾20年的先进预测技术，以及埃森哲的维护计划优化和灾难恢复技术。无论飞机部件是否产自通用电气，都可以事先预判其维修保养情况。

Taleris公司通过传感设备对飞机零部件和系统实施全面监测，并配有专业的分析团队跟踪飞机的工程系统和整体运行情况，从而决定何时更换或维修零部件。航空公司可以选择在最合理的时间和地点进行飞机维修和保养，并安排飞机替飞受影响的航线。通过该项服务，航空公司缩短了停机时间，精简了备件物流及替飞班机和机组人员，从而有效降低了航班维护成本。

借助客户洞见，加快产品创新

对于工业企业而言，产品创新的挑战尤甚。例如，重型机械设备的客户群相对狭窄、设备更新换代周期较长，在生产商尚未清楚市场接受度的情况下往往不敢贸然推出新产品。

但是“产品+服务”的混合商业模式为企业提供了一种更快捷、成本更低的创新方法。企业可以一边提供数字化服务一边同步开发新产品。具体来说，利用为用户服务的契机，企业可以更好地了解用户的产品使用情况并获得及时反馈，从而洞察客户尚未满足的需求。随着时间的推移，企业对客户需求的理解也会越来越深入，它们可以借助这些洞见研发出新一代产品。

实际上，一些企业已经在这方面进行了探索。比如某工业设备制造商的气象技术部门，通过在制冷压缩机里安装传感设备，获取了大量具有潜在价值的有益数据。通过这些数据，管理人员不仅了解了客户的工业制冷需求，甚至从中发现了更大的商机：在运输过程中为客户提供不间断的温度监测服务。

提升数据分析能力，搭建产业物联网平台

产业物联网给企业带来了新的收入增长机遇，而要想抓住这一机遇，企业需要具备以下三项技术专长：智能设备应用能力，传感数据处理能力以及大数据分析能力（见图2）。

图 2 发展产业物联网需要具备的三项能力

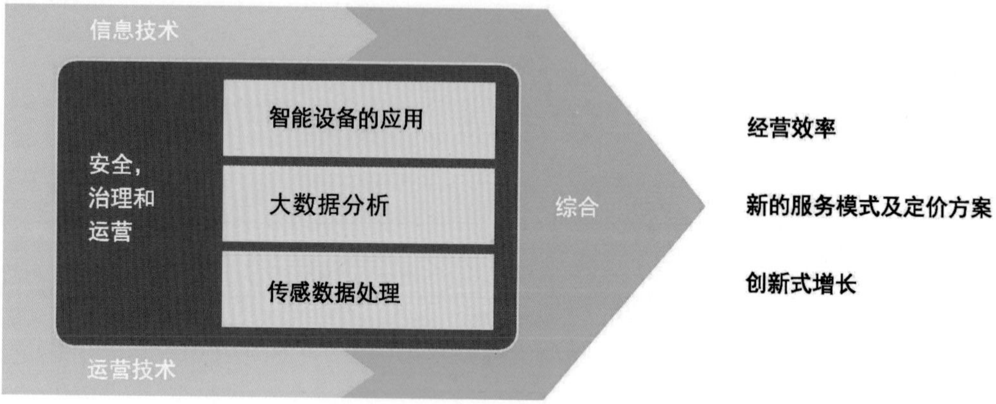

智能设备应用能力

传感设备正不断向小型化、廉价化和复杂化发展，并在短时期内实现了成本和性能地成倍改善，这一趋势促进了智能设备的广泛应用。

制造企业可以生产更具成本效益的智能化设备。通过销售这些捆绑了应用软件和增值服务的智能化设备，企业可以更容易地向“产品+服务”商业模式转型。

通过对温度、压力、电压、运动、化学变化等指标的监测，“冰冷”的设备具有了感知能力。但这种感知只是一种客观描述，需要经过进一步处理、分析才能生成更具价值的企业洞见，进而为经营者所用。所以，企业还要具备传感数据收集及处理能力。

传感数据处理能力

目前企业收集到的传感数据通常分散在各个不同部门，且包括文本、音视频信息等不同的数据类型。这些分散的数据不但造成信息孤岛，更阻碍企业的数字链建设。而随着数据快速存取、实时分析等新技术的出现，企业可以全面提升数

据处理能力。这些新技术不但可以将传感数据进行预处理，更能够将实时数据与已建模的历史数据有机结合，给管理层提供更明智的决策信息。

大数据分析能力

大数据分析能力是企业成为产业物联网价值创造者的基础。大数据分析可以将来自工业设备的传感数据，转化为可执行的洞察，最终为企业创造价值。

例如，卡特彼勒公司，对其所生产的设备、机车和服务过程中所产生的大量数据加以分析，基于所生成的信息，他们能够预见可能产生的问题，主动安排维修保养计划，并帮助客户更有效地管理车队。这一服务不但增加了其经销商营业收入，还使卡特彼勒公司降低了保修履行成本、提升了零部件销售和服务、促进了新机销量。

埃森哲将企业大数据分析能力按成熟度曲线，分为几个阶段：关联、监控、分析、预测和优化，其中关联、监控和分析是开发预测性模型和构建优化能力的先决条件。企业必须努力提升自身在成熟度曲线上的位置，才能够利用更高级的大数据分析工具。

搭建产业物联网平台

要综合运用以上能力，企业需要产业物联网平台的支撑。对外，产业物联网平台可以整合其他企业的应用服务，有效集成智能设备和数据，并与生态系统内的其他企业实现互联。对内，企业可以利用这一平台操控智能设备和应用程序，提供分析数据和决策支持，连接和控制相关流程。

一些基于技术和产业的产业物联网平台已经形成。类似Allseen这样的产业物联网联盟正致力于通过通用的结构体系和互通模式，实现设备、人、流程和数据间的连通和融合。但目前尚未有哪家企业在产业物联网中占据主导地位。在这一群雄争霸的时期，企业必须慎重选择和管理自身的平台，对即将面临的挑战做好充分准备。

面向产业物联网，推动人才队伍转型

产业物联网在淘汰一些传统技能的同时，也催生了一些新的人才需求。重复性工作将会被智能化设备所取代；而相应的也会带来新的工作机会。企业需要升级现有人才库，特别注意培养在数据分析、产品和服务创新、新型市场营销等方面的人才。

网罗大数据分析人才

产业物联网的关键技术就是对收集到的海量数据进行整合和分析，挖掘出有价值的洞见，因此数据科学家必不可少。通用电气和埃森哲近期联手进行的 （下接第24页）

迈向产业物联网的七步走方案

提供“产品+服务”的混合服务，利用智能化技术，以及改造人力资源，这些都需要企业做好充分的前期准备。而以下步骤可供管理人员参考：

1 颠覆“客户价值”的传统思维

尝试推广各种新兴服务，为企业的关键利益方（客户、OEM制造商及经销商）获取最大的价值。

思考：除了远程监测和预测资产维护以外，还有什么样的“产品+服务”可以吸引我们的客户，甚至客户的客户？我们可为客户提供什么样的产品或服务，带来什么样的价值？我们准备如何加速迈向产品+解决方案的业务模式？我们如何培养和招揽所需的人才？

2 建立合作伙伴生态系统

企业应与合作伙伴和供应商紧密协作，在发展潜在客户的同时，共同为客户设计和提供服务。试想，通过合作，农业设备制造商、化肥及种子公司、气象服务公司以及其他供应商可以联合在一起，为客户提供涵盖IT、通信、传感、分析应用以及各种其他种类的产品和服务。

思考：什么样的企业也在试图接触我的客户，甚至我客户的客户？什么样的产品和服务值得我们借鉴，而谁又会开发、经营和提供这样的产品和服务？自己的企业又具备哪些别人所需要的能力和信息？我们如何利用这一生态系统，进一步通过产业物联网，扩展所提供的“产品+服务”的范围？

3 着手设计和开发自有平台

全面了解新技术带来的相关利弊。搭建与之相适应的系统平台，将传感网络、工业分析系统和智能机应用生态系统纳入其整体框架和结构。

思考：如何设计平台结构？针对外部开发者、客户以及诸如电信公司和方案提供商等第三方，是采用开放式结构，还是封闭式结构？什么样的产业物联网平台可以帮助我们跨渠道地提供并成功经营此类新兴服务？

4 仔细研究财务管理

预先从各个角度考虑财务状况。

思考：我们应采用什么样的财务模型来评估投资回报？我们如何管理从产品过渡到“产品+服务”期间的企业成本？采用不同的方案将如何影响到我们的成本、定价和利润？迈向服务型业务模式会造成哪方面的收入减少？

5 为数字化产品及服务开辟新的推广销售渠道

评估针对企业的销售和经销商网络，是否安排了合理的激励和培训方案，以支持发展战略，

思考：我们怎样能使经销商相信，和产品销售一样，服务销售也能使他们从中获益？当直接在网上进行服务销售时，何种情况可能导致渠道冲突？以及我们应如何应对此类冲突？同时，企业的市场营销、客户支持以及服务运营等部门，都需要为销售推广活动做好充分的准备。

6 明确法律权利和义务，获取客户群的相关信息

必须采取什么样的数据管控和保护措施，配合新的数字服务模式。

思考：谁有权利用特定设备所生成的数据，是自己公司还是设备所有方？我们如何说服设备所有人向我们开放访问权限？企业运营所在的不同国家，针对哪些数据属于受保护的敏感信息，当地法律是如何规定？

7 战略实施要以人为中心

如何利用智能设备扩充企业人才队伍。

思考：我们如何提供数据以便专家和非专业人士都可以轻松加以利用？我们怎样提高工人的生产效率，使员工掌握新的产业物联网技术？从事创新业务需要具备哪些技能，与什么样的伙伴合作才能获得这样的技能？

（上接第21页）

一项调查发现，企业在大数据分析领域存在人才缺口，这些缺口包括数据分析、数据解释、零散数据的收集和整合等领域（见图3）。

若想弥补上述人才缺口，短期是聘请专业技术人才，但在大数据分析这一新兴的、蓬勃发展的领域，有经验的人才永远供不应求。所以长远来看，企业还是要建立自己的人才库，比如，企业可以通过与大学等机构合作，联合培养人才等。这样做的另一个好处是，这部分人才除了具备技术专长，还了解企业自身情况及所处行业，这点很关键。

图 3 企业在数据分析方面存在人才缺口

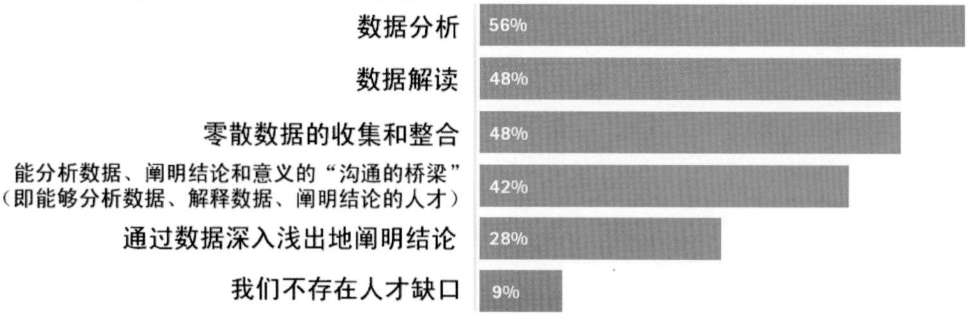

项目	比例
数据分析	56%
数据解读	48%
零散数据的收集和整合	48%
能分析数据、阐明结论和意义的“沟通的桥梁”（即能够分析数据、解释数据、阐明结论的人才）	42%
通过数据深入浅出地阐明结论	28%
我们不存在人才缺口	9%

资料来源：《产业物联网前景报告：迈向2015》。

产业物联网面临的安全挑战

当工厂、设备或者远程设施都实现互联或者接入互联网时，将带来诸多潜在风险。包括运营中断、基础设施的损坏、网络攻击和数据失窃等等。

有鉴于此类安全威胁，产业物联网必须建立在一个精心设计的网络安全架构上。管理人员可以通过以下措施加强风险管理：

- 应用“无损技术”（noninvasive techniques）修复远程设备，并使用不会轻易宕机的工业控制和自动化系统。
- 处理陈旧的、仅具备有限或根本不具备安全机制的传统操作系统、主机和设备。
- 识别并详细记录网上的大量传感器、装置和设备。
- 检测伪装的软硬件，同时修复易受威胁的软件和硬件。
- 维护信息和系统的可信度，以便检测未经授权的访问请求，避免数据落入不法分子手中遭到篡改并被重新植入企业关键流程。
- 控制和检测网络连接，确保重要和敏感设备之间的连接安全。
- 内置事故保险机制，确保运行工业控制系统的IT系统即便受损，也不对人员和财产造成任何物理上的损害，或产生其他严重后果。
- 了解破坏者的动机，采取预防措施。

创建产业物联网服务部门

要想成功开发、支持和销售“产品+服务”混合型业务，需要一支专业团队。

其中总体负责的产品经理必不可少。混合型业务的产品经理应该是复合型人才，既要了解最新的软硬件技术，又要懂得网络经济服务特性，尤其需要准确理解和把握用户需求。

另外，为了保证产品界面友好且更加人性化、服务渠道友好互动，还需要设计人员。

新的产品和服务设计完成之后，要推向市场，一支能够利用多渠道混合营销的专业团队也十分关键，他们不只在传统渠道有丰富经验，更需要在社会化媒体等新兴渠道营销中有独到见解。同时，不同于传统的解决方案营销，营销人员还要通过与客户的多渠道互动，深刻了解客户需求和业务痛点，挖掘出潜在需求。

创新工作方式

产业物联网环境下，员工工作内容以及工作方式都与之前大不相同。以设备操作人员为例，过去他们只要在现场操控机械，而今，他们要坐在控制中心远程控制设备。这需要企业员工更新工作技能，胜任新的工作方式。

比如，在力拓矿业集团（Rio Tinto）位于澳大利亚珀斯的运营中心里，设备操作人员坐在远程指挥中心，与数据分析人员和工程人员通力协作，操控着巨大的挖掘设备、推土机、自卸卡车等工程车辆。

机器人技术也能带来创新的工作方式。目前，机器人主要代替人类从事一些高危险性、重复性及枯燥乏味的工作。未来，除了这部分工作之外，新生代机器人还将学会与人合作，从事一些更加智能性的工作。

随着中国劳动力成本的上升，预计未来将有越来越多的中国企业尝试使用机器人等智能设备替代低端劳动力，这是企业发展的必然趋势。

产业物联网的大幕刚刚开启，若想成为舞台上的主角，抓住产业物联网带来的无限商机，企业需要马上行动起来，加快部署。诚然，发展初期企业不免会遇到各种各样的技术性挑战和重重障碍，但一条亘古不变的真理是——客户总是追寻能为他们创造更多价值的产品和服务。蓬勃发展的产业物联网技术无疑为企业提供新产品和服务注入了新动力。业务变革，恰逢其时。

作者简介

瓦利德·纳吉姆，埃森哲全球技术研究院研发总监兼埃森哲产业物联网战略创新计划负责人，常驻弗吉尼亚州阿灵顿，walid.negm@accenture.com；

黄伟强，埃森哲大中华区产品制造事业部总裁，常驻上海，woolf.w.huang@accenture.com；

艾伦·E·奥尔特，埃森哲卓越绩效研究院资深研究员，常驻波士顿，allan.e.alter@accenture.com；

刘东，埃森哲北京技术研究院院长，常驻北京，d.a.liu@accenture.com。

封面文章
物联网

物联网银行

伊恩·韦伯斯特（Ian Webster）

物联网将为金融服务企业创造前所未有的机遇，助其向客户提供近乎实时的量身定制的咨询、产品和服务，彻底颠覆传统银行的服务模式。

銀行
Bank

在数字技术和移动技术的共同推动下，消费者行为及预期正发生着根本性变化。如今的消费者已进入“客户3.0”时代，因此不能再单纯以年龄、性别或收入等传统人口统计因素来界定。在“客户3.0”时代，客户与外界联系更加紧密、信息资源更丰富，同时面对纷繁多样的选择，客户也变得更加挑剔。

为此，各家银行纷纷想方设法将数据转化为市场洞察，以求进一步了解客户并提供卓越的服务体验。

与此同时，一场被称为“物联网”的信息革命正在上演。这场革命将为金融服务企业创造前所未有的机遇，帮助其向客户提供近乎实时的、量身定制的咨询、产品和服务。银行若能够充分发挥物联网的作用，不仅可以改变自身在客户生活中所扮演的角色，还将演变出令人兴奋的新服务模式。

我们将这一全新模式称为“物联网银行”（Bank of Things）。

物联网

互联网从诞生到现在不过短短25年，但已彻底改变了我们的生活。今天，超过百亿台设备正接入互联网，使我们能够进行工作、共享信息，并且更高效地合作。未来十年，预计还将有100亿至200亿个实物通过传感器实现互联——从家用电器到重型机械，再到农作物和牲畜，可谓包罗万象。它们中的每一个都将提供稳定的数据流，帮助使用者更好更快地做出决策，从而使物联网从概念真正成为现实。

近年来，层出不穷的技术创新让我们得以窥见未来的发展格局。如今，我们已经能够通过智能手机来控制空调和家用照明设备。荷兰一家初创企业则将奶牛接入互联网，帮助养殖者随时监测其健康情况。此外，互联设备可以测量植物和农作物的光照、温度、浇水和施肥情况；无人驾驶汽车和飞机也不再只是科幻小说中的事物。总而言之，物联网潜力无穷，只要我们敢于想象、勇于尝试，其发展潜力不可估量。

对银行业来说，物联网将提供前所未有的大量数据和以数据为核心的客户洞察。这意味着，无论面对个人或企业，银行均可向客户提供与日常生活内容紧密相关的洞察、建议、产品或服务，带来真正的定制化体验。物联网将是银行全面转型为“物联网银行”至关重要的因素。

银行：角色正在改变

为了满足“客户3.0”时代消费者对服务体验的期待，充分利用“物联网银行”模式带来的各种机遇，银行必须充分挖掘现有海量客户数据，并与从社交媒体及其他渠道获得的洞察加以整合（见图1）。深化数据分析，深入了解客户，进而提供更具针对性的服务。

图 1 全新客户特征：客户 3.0

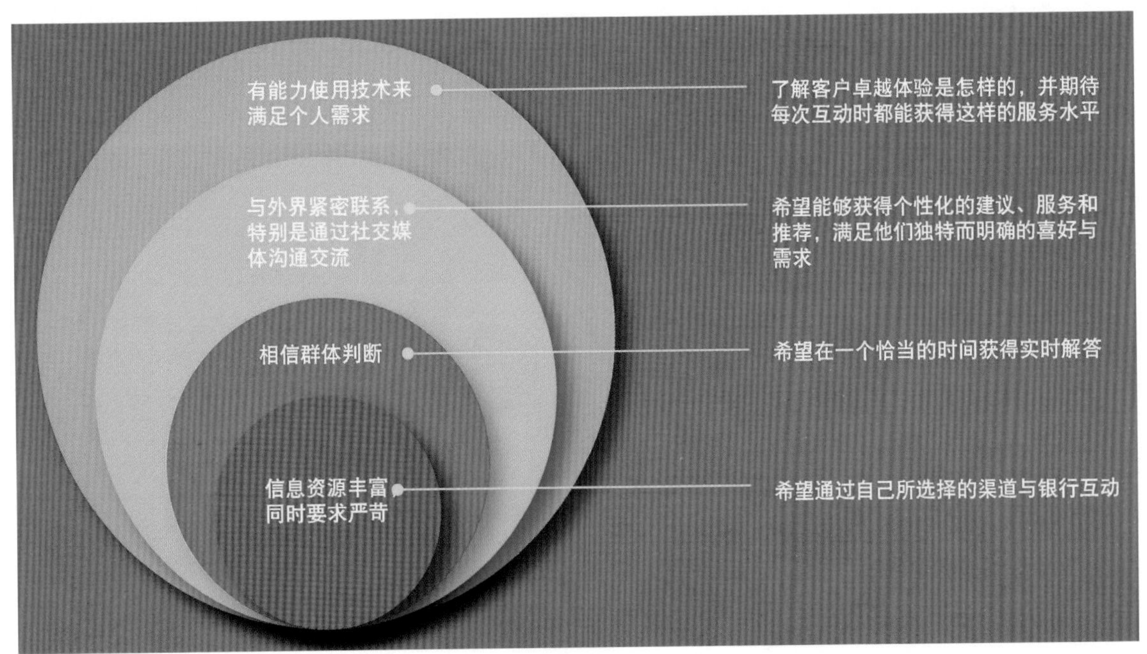

事实上，银行只有同时扮演好以下三种角色（见图2），才能真正成为客户日常生活中的得力助手：

（1）咨询提供者：除继续在未来扮演值得信赖的财务顾问这一传统角色，银行还应努力提供定制化、个性化的建议，全面满足客户的金融和非金融需求。也就是说，无论何时何地，只要客户有需要，银行都要能够立即响应。

（2）价值聚合枢纽：银行必须成为客户所在生态系统和社会团体中关键的组成部分。为此，须加强与相关企业的联盟，巩固合作伙伴关系，以最优惠的价格，吸引追求综合价值最大化的客户。

（3）接入服务者：银行应当利用客户关系，将客户与其他服务供应商（如保险公司、医疗机构、航空公司、酒店宾馆等）联接起来，根据客户的需求和生活方式提供全方位的定制化服务。

物联网银行：三种情境

在物联网庞大数据流的推动下，物联网银行将成为客户日常生活中无处不在的重要组成部分。

物联网银行不仅可以预测客户需求，还能够积极响应客户不断变化的各种情况，并提供相应的解决方案，助力客户实现目标。同时，物联网银行仍将继续成

图 2 扩展的生态系统

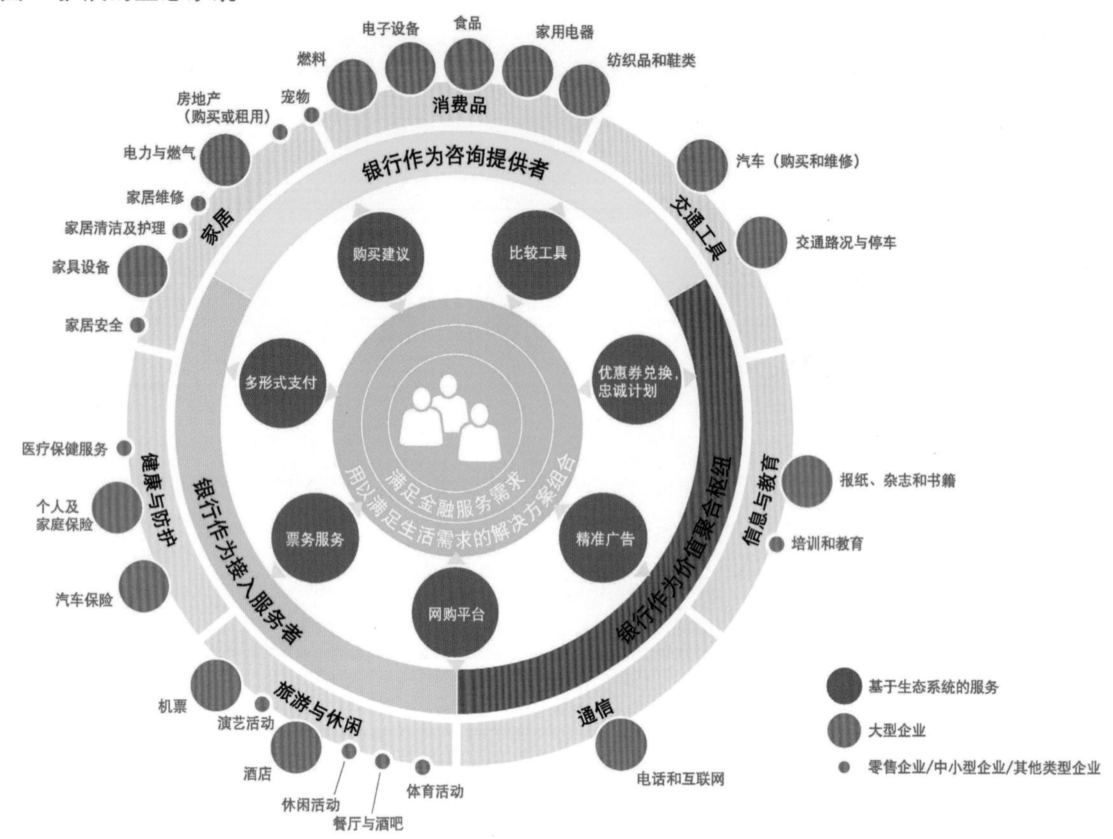

为客户可信赖的顾问、服务商和价值聚合枢纽。但是，与过去不同的是，这些功能的基础是对每一位客户需求和喜好的深入了解。

个人银行业务

通过从各种智能设备收集数据，物联网银行可为客户提供全面的个人财务分析，并实时更新。此外，还可以借助从数据中提炼出的洞察预测客户需求，提供相应的建议、产品和解决方案，帮助客户做出最佳财务决策。未来，物联网银行将是客户恪尽职守的管家、出谋划策的顾问，以及无微不至的服务商，在提高客户忠诚度的同时，提供更多附加服务。

美国前进（Progressive）和旅行者（Travelers）汽车保险公司已率先应用远程信息处理设备，实时监控客户的实际驾驶行为，并对保费进行相应的调整，迈出了以客户为中心精准定价的第一步。未来，我们或将看到，保险商会根据家居用品和智能设备上传的数据流，定期调整家庭保险的覆盖范围和保费费率。

又如，土耳其担保银行（Garanti）推出的一款名为“iGaranti”的移动应用，可为客户发送心仪品牌的特惠信息，提供省钱策略，并基于客户的消费方式估算

物联网银行的个人银行服务
日本东京，2019年

某日下班回家时，佐藤由美女士发现汽车仪表板的一个警示灯在闪烁。她想将车交给汽车修理师，却担心修理费用昂贵。

到家后，由美拿出手机打开银行应用。乍看起来，她的预算的确非常紧张——银行可从她的智能冰箱、电表和水箱等家用设施，以及智能手机中的数字钱包，甚至是汽车获取数据，实时了解她的支出、储蓄和预算。

当她查看这些数据时，屏幕上弹出了一个对话框——银行已经知晓她的汽车修理需求，并为她提供了两名修车师傅的报价和可预约时间。仿佛读懂了她的心思一样，还附带解决修车费用的建议：她可以少用半年的度假基金储蓄，或是提高信用卡额度来支付此次修车费用。

由美决定采纳前一种建议——她今年可以选择一处离家较近的度假地。就在她查看日程安排并预约维修的时候，屏幕上已经显示出了新的度假基金目标。

账户月末余额。尽管这只是物联网银行的初步浅尝，但足以可见这种模式蕴藏的巨大潜力。

企业银行业务

未来，只有能够助力客户实现卓越商业绩效的银行，才是企业银行中的赢家。通过分析供应商—经销商—零售商整条价值链中的数据，物联网银行能加深对企业客户的认识，从而提供有针对性的财务分析、产品和服务，帮助客户打造竞争优势，进而在高度互联且竞争白热化的市场上赢得一席之地。

数据分析是物联网银行为企业客户提供的最有价值的服务之一。具体来说，就是银行将自身的人口统计数据和细分市场数据与企业客户现有数据（如消费者偏好、市场区域化差异、需求波动等相关洞察）有机结合起来，帮助企业客户完善定价模式。

此外，在运输行业，物联网银行同样大有可为。随着可获取的交通数据的增多，制造商可以找出货物损坏或丢失比例高的运输方式、运输企业和运输路线，实时调整库存。同时，物联网银行可以将这些数据与其他企业客户数据进行汇总，评估不同运输方案的相对风险，确定相应的保险产品定价。

第一产业银行业务

物联网能够帮助农业企业以前所未有的精准度跟踪自身生产情况；实时数据传送不仅有助于农户及银行对农作物和牲畜的健康状况持续评估，而且提高了对预期收益、资产价值和整体商业价值预估的准确度。

物联网银行提供的企业银行服务
中国广州，2020年

同世界各地大多数制造商一样，医疗设备生产机构霍威公司（H + W）也将供应链视为企业的生命线。当今客户期望越来越高，利润率却不断收窄，面对这种业务环境，从运营和财务两方面妥善管理供应链，对于企业稳定发展至关重要。

每天，大量数据源源不断地流向霍威公司的总部，完整勾勒出公司的库存情况——从供应商到集装箱和卡车，再从工厂到仓库和分销商。无论任何时点，公司都可以准确定位各种产品及零部件，帮助公司实现按时交付、管理交换价值，并尽可能地减少库存，从而有效控制基础设施成本。

这些数据同样会提供给公司的开户行，后者将利用这些数据深入分析霍威公司的资产负债表和存货周转情况，从而动态调整相应的存货融资。几个月前，该行就预判到霍威公司可能会遭遇现金流问题——霍威的货物尚未售罄，所欠供应商的款项便已到期。这种情况下，银行主动向霍威提供了贷款展期提议以及所需条件。

无论是农户还是服务于农户的银行，都无需再用以往业绩作为融资与偿付依据。物联网银行可以基于数据，根据当前条件及相应预测结果灵活计算还款比例，甚至还可以将自然灾害等突发事件考虑进来，这样农企不仅大大改善了财务状况，还加强了与银行的关系。

物联网银行：从概念走向现实

我们描述中的物联网银行，并非遥不可及：要抓住商机，银行业应当马上行动，大力开发业务生态系统和各项能力，为迎接物联网银行积极做好准备。

构建物联网银行生态系统

为了使物联网银行焕发出勃勃生机，银行业必须关注以下三个关键领域，建立起支持这种全新模式的商业生态系统（见图3）。

图 3 三个关键领域，建立起支持这种全新模式的商业生态系统

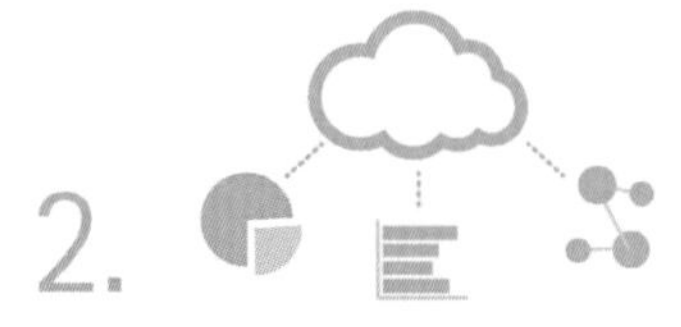

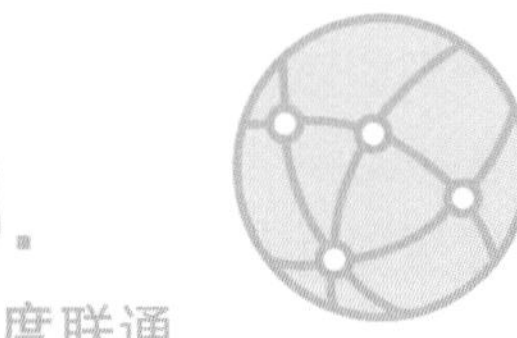

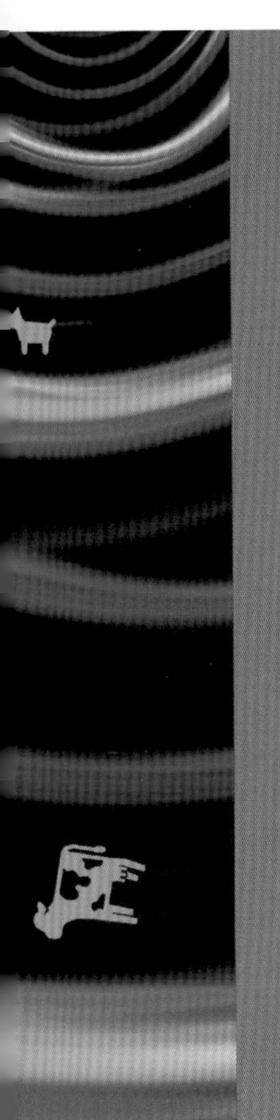

物联网银行提供的农业银行服务
澳大利亚新南威尔士州哈登，2021年

100多年来，约翰·马丁的家族一直在他们的农场种植小麦。尽管农业技术进步迅猛，但对现金流的关注却始终未变。不过，约翰对自身的财务状况非常有信心，因为银行一直是他的密切合作伙伴。

如今，微传感器可以监测农场日常运作的各个环节——包括土壤、作物环境、施肥水平、家畜健康，甚至是约翰的卡车和农业设备的使用情况。约翰通过这些数据更妥善地管理自己的农场，而他的开户银行也可以借助相同的数据为他提供最佳财务建议。

约翰每天都会与银行联系，了解农场最新的财务健康状况。他的开户行利用农场的大量数据，评估农场资产和设备的价值，预测可能的产量，由此不断调整提供给约翰的贷款资金。过去几年中，银行通过对农场数据的分析，已发现多个提高土地价值的机会，显著改善了农场的财务状况。

约翰目前正在积极筹划收割机的更新换代。当他上网后，看到这笔基础设备贷款已预先获得了核准；点击该消息，他进入了一个简单的在线申请程序，短短几分钟之后资金便已到位；与此同时，这笔贷款也立刻计入到农场的资产负债表中。

约翰知道，新收割机可以不断地提供关于使用和设备状况的相关数据，方便他和银行随时了解它的价值。更重要的是，约翰能够基于这些数据，根据机器的使用情况来制定灵活的还款计划。同时，银行也将直接与新收割机“对话”，掌握它的使用情况，并计算它对农场收入的贡献比例，进而调整约翰每个月的还贷金额。

物联网银行需要具备的关键能力

物联网银行需要进行海量数据分析，接入大量客户互动点，同时发挥重要枢纽功能，妥善统筹各项活动，全面满足客户的金融及非金融需求。为此，银行业必须投资发展以下几项关键业务能力：

（一）数据分析能力

对于已有客户数据和外部数据（如社交媒体上的评论等），各家银行都在试图开辟新用途，希望借助这些数据预测客户需求，及时提供产品和服务。在物联网时代，数据获取数量将呈爆炸式增长。银行业需要不断投资数据分析能力，及时分析和处理各种新数据，厘清其中的深层含义，进而向客户提供高度个性化、有价值且具实际意义的产品和服务。始终如一地为客户提供恰当的产品和以客户为中心的服务，推动银行向“全时银行”成功转型，进而与客户构建更加紧密的日常联系，成为值得信赖的个性化财务顾问。

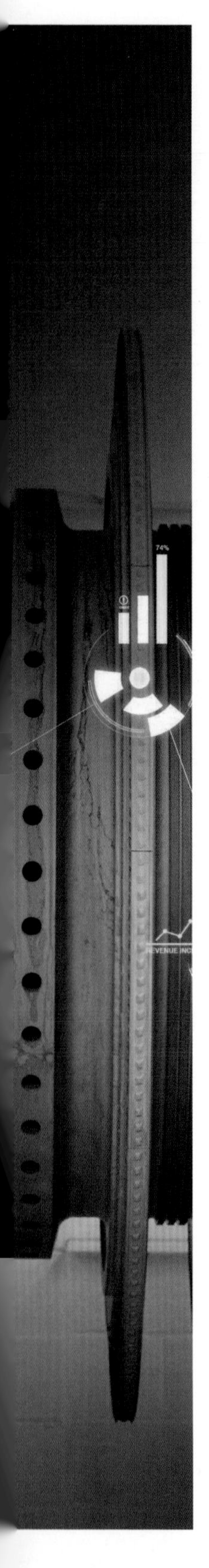

（二）个性化定价及产品开发

银行正逐步摆脱一成不变的定价模式和“一刀切”的产品模式。如今，它们正综合利用变量、评估、趋势分析和客户细分等手段，开发出一系列的定价模式和具有不同特性的产品。物联网能够支持银行业进一步提升服务水平，推出更有针对性的产品，同时动态化地确定实时价格。

此外，物联网还将为银行业提供不可多得的良机，帮助银行将产品开发水平提升到全新的高度。未来，通过对每位客户的行为、使用情况、日常生活等大量细节的翔实分析，物联网银行不仅能根据客户的特定需求，设计和提供量身打造的产品，而且还能确保定价符合客户的整体财务状况。

（三）分销

若要无缝融入客户的日常生活，同时避免对客户不必要的干扰，银行必须严格选择销售工具、应用程序和与客户沟通的方法，其中，基于数据对单个客户需求和偏好的认识极为关键。某些情况下，银行在与客户互动时居于核心位置；但也有一些情况，银行会发现客户与生态系统合作伙伴之间的互动才是核心，银行则起的是重要的支持作用。

（四）灵活性

不断升级的技术和基础设施是物联网的显著特征。银行只有提高自身的灵活性与应变能力，才能紧跟发展脚步，适应转变。卓越绩效企业已充分认识到，应变能力不仅是企业的一项核心竞争力，也是开展各项业务活动至关重要的一环。银行可以通过“自我培训”提高灵活性，快速而灵活地响应各种技术变化，进而保持竞争优势。

（五）持续创新

不论哪个行业，创新都是驱动企业打造竞争力和盈利能力的核心因素。从传统银行向物联网银行的转型将是一个持续过程，银行需要不断创新，预测未来客户持续变化的需求，并采取相应行动。银行唯有成功建立快速创新的能力，才能扩大客户基础、提升客户价值，同时不断巩固自身的市场地位。

（六）数字化风险管理

今天，银行纷纷使用各种信用模型全面管理自身的风险，其中包括：

（1）通过三维评分系统，在“批准”和“拒绝”之间优化平衡；

（2）通过对不良贷款分类，识别违约倾向较高的客户群体，进而评估潜在风险敞口并制定补救措施；

（3）建立实时的抵押品适应估值能力，充分覆盖债务风险。

未来，银行不仅需要投入时间和精力管理信用模型，还需要为迎接新时代做充分准备。物联网能加强银行与客户之间的密切合作，进一步了解客户需求、财务状况以及抵押品价值；同时有效实现上述工作的自动化。通过获取与客户日常生活息息相关的数据，物联网银行可以不断完善信用模型，不断改善自身整体风险水平。

物联网银行将以超乎想象的速度到来

物联网时代已然来临。不久的将来，即使是最普通的家用电器，也会提供稳定的数据，供人们分析并采取相应行动。

为了在全新的环境中脱颖而出，建立持续性的竞争优势，银行业需要不断投入，提升自身的数据收集和分析能力。此外，还应加大投资，同各类企业建立广泛的新型合作伙伴关系，确保获得所需数据，进而让客户获得真切的物联网银行体验。主动把握良机的银行，将抢占最有利的市场位置，成为客户生活中如影随形的核心服务商。

作者简介

伊恩·韦伯斯特，埃森哲金融服务事业部董事总经理，负责战略与转型业务，具有15年金融服务从业经验，常驻墨尔本，i.webster@accenture.com。

延伸阅读

全时银行

决胜镀金时代：赢得金融消费者

产业物联网背后的政策选择

马克·帕迪（Mark Purdy）

推出一项变革性新技术并不意味着一定能实现经济效益的最大化。而要释放新技术的全部潜力，需要政府从政策层面创造一些关键性条件。

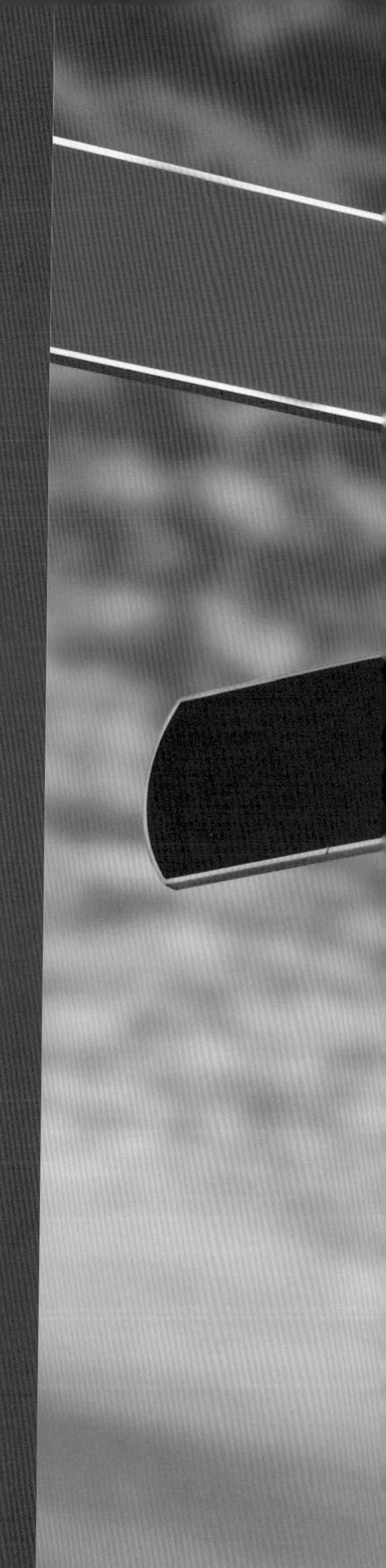

从经济大衰退至今已近六年，全球经济依然深陷泥潭，产业物联网能否为不景气的经济注入新的活力，这是一个重要命题。

英国首相卡梅隆对此似乎持肯定态度。他希望英国能够走在这场“新工业革命”的前列，并斥资近1.25亿美元研究产业物联网。与此同时，中国政府也将产业物联网定为“新兴战略性产业”，计划到2015年向产业物联网投资约8亿美元。还有更多政府正在寻求通过产业物联网提升国家竞争力，刺激经济增长。

各国政府有充分的理由这样做。在他们看来，产业物联网是一张巨网，能连接各类智能设备以及相关操作人员，进而实现设备与设备之间以及设备与人之间的互通互联。产业物联网能够解决经济增长中的结构性问题，比如生产力低下、创新不足和基础设施不健全等。产业物联网将连接数十亿个节点，帮助企业、政府和个人监控和管理日常活动和运营的方方面面。

聚合效应

产业物联网的价值来自聚合效应，包括提振生产力、创建新市场以及鼓励创新。有人预测，到2030年，产业物联网将带来数万亿美元的价值。在工业领域，产业物联网已经被用于资产管理和物流环节，实现了整个运营过程的降本增效；农业方面，产业物联网也被用于农田管理、水资源优化等，从而增加了农作物产量；在消费领域，产业物联网正在创造一个又一个几十亿级的新市场，包括数字医疗和数字化生活等。

但是，这些例子并不能说明我们已经完全释放出产业物联网的巨大潜力。

历史上，总有一些国家比别的国家更善于挖掘新技术的经济潜力。仅以20世纪初工业国家的电气化进程为例，尽管当时很多国家的技术发展水平相当，但是美国却在电气化发展方面一马当先。因为他们把新技术纳入到整个大的经济环境下，并且围绕新技术对生产和组织机构做出相应的调整。

换言之，在不同国家，电气化的技术扩散与经济扩散步伐不一致。而美国的创业文化，以及有利的商业环境推动了电气化在经济领域的快速扩散。

技术扩散是指狭义的技术采用过程，而经济扩散的含义更广。经济扩散包括技术扩散，同时还包括在更广泛领域和行业分享增长、创新和财务回报。如果一个国家无法认识到两者的差别，并且未能为新技术的经济扩散创造条件，那么就很难释放出产业物联网的全部经济潜力。

新技术的经济扩散包括四个阶段，而每一阶段都是建立在之前的基础之上（见图）。

技术出现。最初，新技术处于萌芽期，只有某些小众市场或数量有限的用户才能够使用。为了使技术过渡到经济扩散的下一阶段，政府干预非常关键。政府的干预在互联网早期发展中至关重要，而互联网正是产业物联网的基础。

创新及规模化。随着新技术的发展，政府或市场会就该项技术设定一系列标准。而其他行业也会开始围绕该项核心技术进行创新，从而获取价值。而在产业物联网方面，其表现就是科技公司争相希望成为领军企业，智能互联产品进入到消费品领域。由于产业物联网的大部分基础设施都依赖于现有电信基础设施，因此这一进程将大大加快。消费者、企业和创新者都可以用相对低的成本来发展产业物联网。

组织及社会转型。如今，世界上许多先进经济体都处于这一阶段， 产业物联网这一新技术正在开始改变社会。上述电气化的例子很有启发性：一旦实现了规模经济，电气化就成为生产的一个组成要素，而一系列新型的电气化消费品改变了人们的日常生活。未来，随着产业物联网的发展，也将出现类似的情景。

自我创新和开发周期。在这一阶段，新技术开始在整个经济体中充分地扩散，人们很难想象，离开这种新技术后如何维持正常的日常生活。而创新者则将新技术广泛应用于各个领域，开发各类高级应用。还是以电气化为例，电气化发展到电子化，而电子化之后是现代化计算机的出现，继而又发展为如今的互联网以及产业物联网。

图 技术的经济扩散包括四个阶段，每一阶段都建立在之前的基础之上。

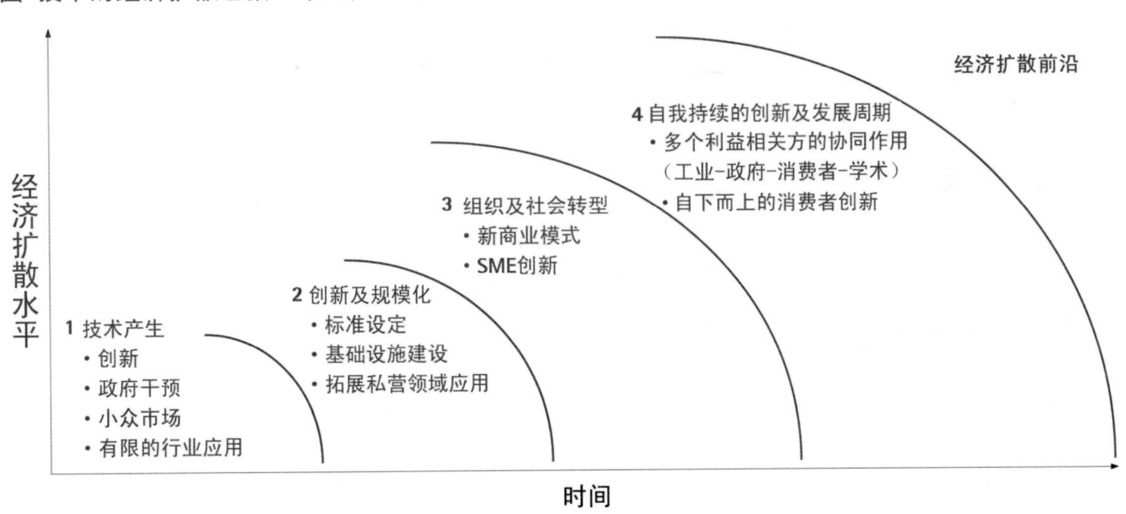

我们已经落在后面了吗？

尽管变革性技术本身拥有巨大潜力，但是如果某些扩散条件不具备的话，一个国家有可能在经济扩散的前期就步履维艰。比如，当前仍有很多国家还在努力推广互联网技术。政策制定者们可以通过出台一系列政策，鼓励基础设施开发、提高劳动力技能、改善治理、增强本国经济与全球经济的开放和互联，以及鼓励创新等。

然而，没有适用于所有国家的标准答案。各国决策者要想充分发展产业物联网，必须有针对性地解决本国面临的特有挑战。而思考及回答下面五个问题有助于决策者做出最优战略选择。

（1）为了发挥产业物联网的经济潜力，需要改进哪些领域？某些国家可能需要对基础设施进行重大投资，来支持产业物联网。而另一些国家则需要培育具备相关技能的劳动力大军。

（2）在建设产业物联网时，应在哪些领域分配资源？为了从产业物联网获得最大收益，一国还需要考虑所投入的时间和成本。比如，农业大国只需要投入相对较少的资金，在农田和灌溉系统上植入传感器，就可以利用比较优势取得巨大收益。

（3）如何创造产业物联网所需要素？为了发展产业物联网，一国需要具备人才基础。那么决策者就要选择究竟是培养现有劳动力（即“制造”）抑或是吸引海外人才（即“采购”）？如果是后者，那么该国需要调整相关的移民政策以获取相关技能。

（4）谁来领导产业物联网的经济扩散？平衡好政府和私有部门的角色。无论是由谁来引领这一进程，政府都要促成不同利益相关方（行业、学术界及非政府组织）之间的协作，以鼓励产业物联网的经济扩散，并确保相关规章制度不会扼杀创新。

（5）何时需要重新评估本国的产业物联网政策框架？考虑到产业物联网扩张的速度，政府可能需要快速做出应对，因此政府应该采取一种动态、快速的决策模式。一旦经济扩散达到一定水平，集中的产业物联网开发模式可能就需要让位于更加多元化、私有化的开发模式。

毫无疑问，商界和政界领导者都清楚地认识到产业物联网蕴含的巨大经济潜力。但是完成新技术的技术扩散，并不意味着就能获得最高经济收益，还应该考虑到新技术的经济扩散，而这就需要一些特定条件。决策者们必须意识到这一点并积极行动起来，方能充分发挥出产业物联网的潜力。

作者简介

马克·帕迪，埃森哲卓越绩效研究院全球经济研究总监、首席经济学家，常驻伦敦，mark.purdy@accenture.com。

特写
趋势

抢占数字融合市场制高点

李纲，陈旭宇，高爽怡

企业若想在支付、购物、视听和出行四大数字融合市场获得竞争优势，必须培养一流数字化能力，并进行数字化转型。

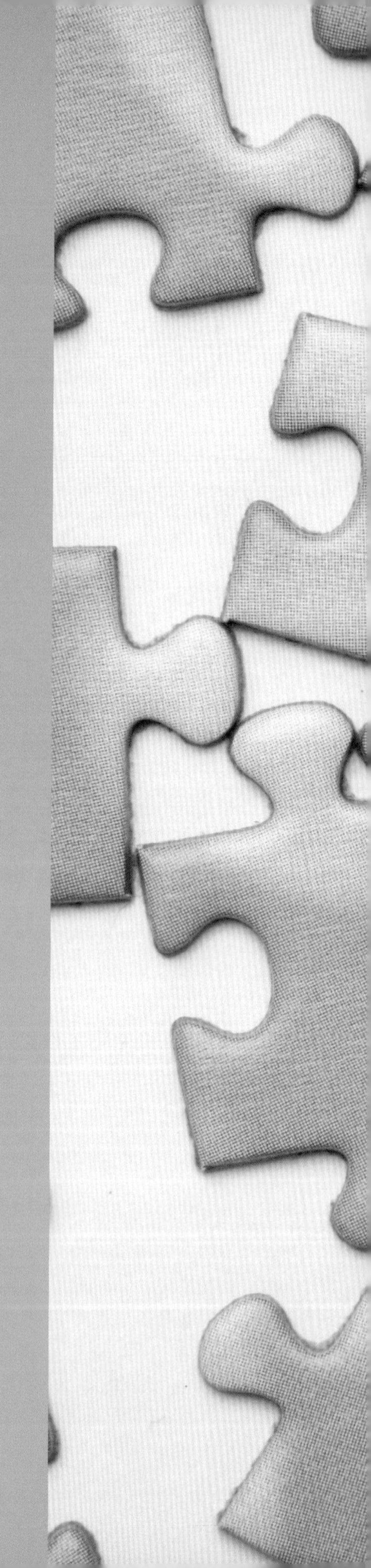

20
40
60
80
100
120
140
160
200
220
240
260
280
300
320
340
NE
E
SE
SW
W
NW

中国正在经历一场根本性的数字化转型。随时随地的网络互联、无处不在的商业数据、如影随形的智能手机彻底改变了人们的传统生活方式。随之而来的是社交网络、移动性、分析法、云计算等数字技术，它们正在改变市场格局，驱动融合发展，塑造新的未来。通过对数字化和中国消费市场的研究，埃森哲认为，数字化正在重塑行业界限，新市场生态和行业竞争格局正在崛起。

数字化正在改变什么？最大的变化是重组市场的资源要素。因为数字化降低了市场准入门槛，让企业跨界经营成为可能。我们已经看到许多新兴的互联网企业，开始在坚如磐石的银行业攻城掠地。数字化还明显降低了渠道成本以及研发成本，让新颖营销手段层出不穷，让创新更加便捷。在消费者方面，数字化让企业能及时洞察消费者需求，不断改善消费体验，为供应和需求之间搭建更直接的桥梁，从而提供新产品和服务。比如租车服务应用Uber和易道，以及各种打车软件的涌现。

那么数字融合市场到底是什么？埃森哲认为，通过数字技术，不同行业的竞争者直接建立与消费者的关系渠道，减少中间环节，基于消费者洞察提供价值服务，最终实现跨界经营，抢占新市场制高点。埃森哲将这种数字化促生的新市场生态和行业融合称为“数字融合市场”。

在数字融合市场，新兴企业不断出现，传统企业也随之应变。它们既竞争又合作，原有价值链被打破，新价值组合在演进，共同围绕消费者形成了比原来更大、更复杂的生态圈。

新市场三大特点

多方互联，复合生态

短短四五年时间内，数字技术从体量、种类和速度方面呈大爆炸式发展，给商业社会带来了许多新变化。随着数字技术指数级增长和成本迅速下降，技术创新和商业创新不再遵循自上而下或者自下而上的规律，而是一种大爆炸式的创新。

创新者往往来自意想不到的其他行业，跨界经营成为常态。2014年初谷歌宣布正在测试一款智能隐形眼镜，它能为糖尿病患者检测泪液当中的葡萄糖水平。在互联网领域呼风唤雨的谷歌，出现在健康医疗行业，这在以前很难想象。谷歌依靠的利器就是数字化技术。

像谷歌这样借助数字技术进入新市场的企业，其所在的行业称为“生态链行业”，其中既包括作为数字化使能行业的高科技、电子、电信等行业，也有借助数字化使能行业而进入到该市场的其他行业。生态链行业正在通过技术创新和商业创新取得越来越大的市场份额。

随着中国经济进入中速增长新常态，企业家纷纷寻找新的市场机会，通过跨行业并购实现跨界经营的案例逐渐增多。例如，传统上活跃于运输、房地产、金融服务、信息技术等行业的企业，开始频频收购消费品及零售企业。此类并购交易的数量仅2013年就增长了46%；2014年上半年就与2013年之前各年份的全年水平相当。由于这些新玩家的介入，原有市场生态被打破，更加复杂的新生态系统正在形成。

高速增长，推动扩张

埃森哲与牛津经济研究院合作，分别对中国和美国的购物和支付市场总产值进行了对比分析。由于数据的不可获得性，本报告中支付市场的数据用金融服务市场数据来代替。

相比其核心行业，数字融合市场的总产值明显扩大，增长率更高。2013年，中国购物核心行业总产值为2343亿美元，金融服务核心行业总产值为7146亿美元。预计到2020年，购物数字融合市场总产值将接近5500亿美元，金融服务数字融合市场总产值接近1.6万亿美元，较2013年增长一倍还多。预计2013—2020年购物和金融服务核心行业总产值的年增长率分别为9%和8.7%，而购物和金融服务数字融合市场总产值的年增长率将达到9.7%和9.6%。虽然市场总产值仍将小于美国，但是中国的购物和金融服务市场受数字化推动而呈现更快增长的趋势，中国市场的增速比美国市场快约5%—7%（见图1）。

在数字融合市场的发展中，生态链行业的增长发挥了关键作用，而中国生态链行业的发展对数字融合市场的“鲶鱼效应”更为明显。分析表明，中国生态链行业在数字融合市场的占比高于美国。

而在生态链行业中，数字使能行业（包括电子工程、高科技、电信）的贡献尤为明显，达到15%左右。因此，大力发展数字使能行业，开展数字化竞争，推动数字化在各行各业的应用和普及，对整个中国市场和企业发展都有深刻的战略意义。

面向客户，重视体验

在消费者全面拥抱数字技术之后，消费行为方式发生了显著变化——网购成为趋势，信息共享更加深入。2013年中国消费者网购规模高达1.85万亿元，占消费品销售总额的8%，成为世界最大的网购市场。

截至2014年6月，中国有超过6.32亿互联网用户和5.27亿手机上网用户，远远高于美国。中国已成为全球消费者数字化程度最高的国家之一，数亿人通过数字技术进行互动互联、获得与共享信息，做出购买决定并完成交易。

客户体验是一个老生常谈的话题，但数字化让客户体验有了前所未有的变化。数字技术使得满足客户所需变得更加容易，企业通过数据分析获得消费者和市场洞察，重组供需配置，优化价值链结构。不同的公司和组织在共同改善面向用户的产品和服务，商业模式和市场格局都在数字化推动下发生变革。

图1 数字化红利：核心行业和数字融合市场的规模与增长 （2013-2020）

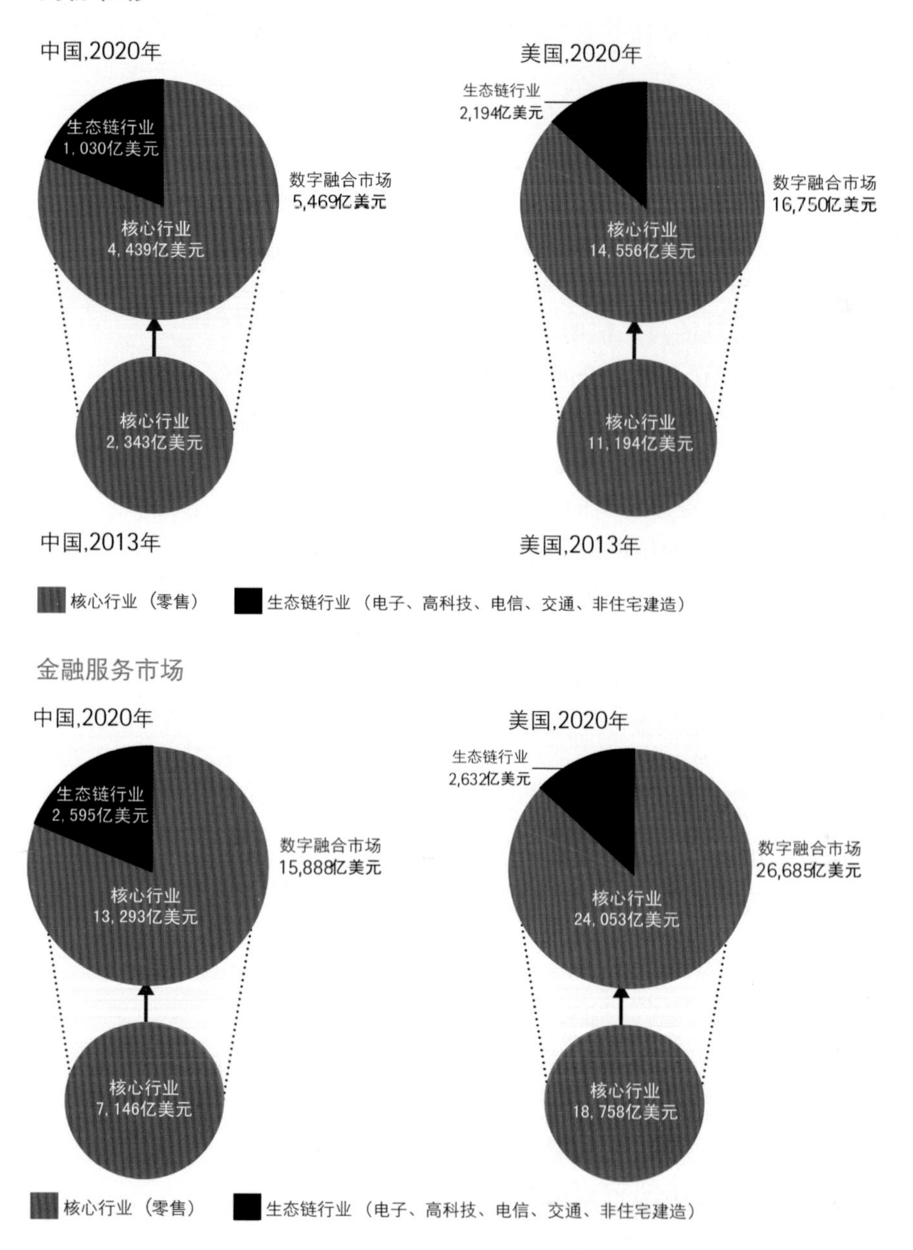

注：图中2020年数字融合市场的数据均为数字加速情景下的估计值。
来源：埃森哲与牛津经济研究院分析（2010年可比价格）。

四大数字融合市场崛起

在中国，数字融合市场不仅异军突起而且发展迅猛。一些互联网巨头，如阿里巴巴、百度、腾讯等正加大在支付和租车市场的投入；而传统企业也不甘人后，借助数字技术将经营范围拓展到更广阔的领域。例如，海尔日前与中信等金融机构进行战略携手，建成海尔日日顺B2B在线供应金融平台，为平台上的所有企业用户提供便捷的融资、支付等金融服务。

中国的消费市场既开放又有高度竞争性，为技术创新和业务模式创新提供了用武之地。埃森哲观察认为，中国的数字融合市场已在支付、购物、视听和出行四个领域逐渐兴起并获得长足发展，而每个数字融合市场，都由一个核心行业和若干个生态链行业共同组成（见图2）。

值得注意的是，虽然传统的核心行业依然是四个融合市场的主导者，但是进入到这个市场中的生态链行业却能依靠创新取得越来越大的市场份额。

图2 四大融合市场：核心行业和生态链行业

支付

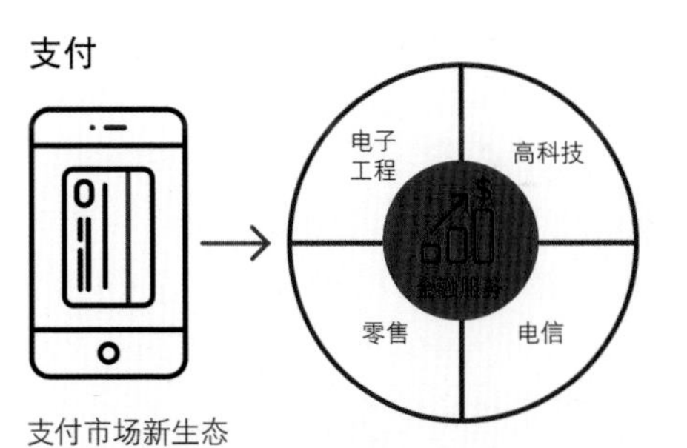

支付市场新生态

更多参与者，数字化支付手段，创新的业务模式，全新的消费者体验

购物

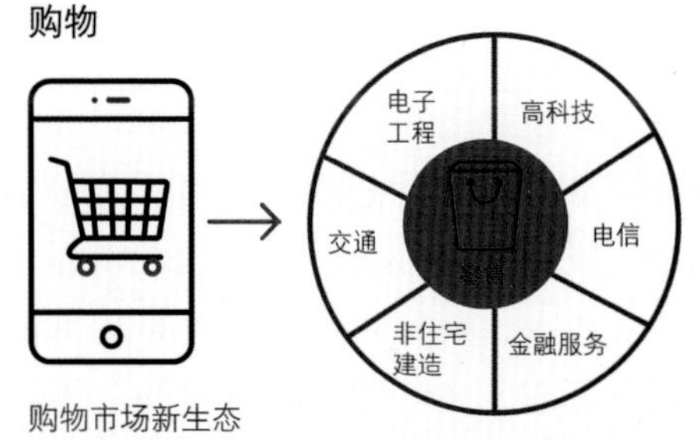

购物市场新生态

更多的参与者、零售圈内圈外相互渗透融合、消费者成为真正的核心

视听

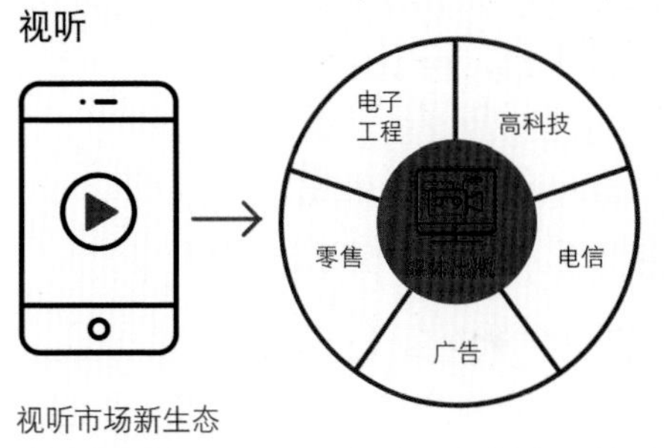

视听市场新生态

数字化传播手段、中间渠道消亡、新兴参与者、消费者视听新习惯、创新业务模式

出行

电子
工程
高科技
非住宅
建造
电信
汽车

出行市场新生态

各类出行服务商合作互联，满足消费者随时随地高效出行需求

来源：埃森哲分析。

趋势

1. 支付

在四个融合市场中，支付是最重要的一环，因为所有各种类型的交易都要通过支付来完成。随着不断增长的多样化消费需求、购物市场的繁荣，以及电子商务的蓬勃发展，各种个性化的数字支付需求增长强劲。

在数字技术的支撑下，传统支付市场出现大量第三方支付企业。从2011年中国央行开放第三方支付牌照的发放到2014年8月，共有269家企业获得了第三方支付牌照。由此，新的支付大生态圈已经逐步形成，支付数字融合市场逐步形成。

在数字化消费时代，支付是一个“香饽饽”，新竞争者不可避免地挤入其中，银联和银行两大阵营不可能继续吃“独食”。近两三年，包括互联网公司、电信运营商、零售商、智能设备制造商等非传统金融行业的企业，都瞄准了这块大“蛋糕”。比较典型的例子是，互联网三大巨头阿里巴巴、腾讯、百度等均成立了自身的支付机构，即支付宝、财付通和百付宝；三大电信运营商、北京上海等地的公交IC卡公司也获得了支付牌照。同时，独立的第三方支付机构也竞相成立，比如易宝、快钱、汇付天下等。

这些新的竞争者采用数字化支付手段，通过创新的业务模式，实现了全新的消费者体验。除了通常的电子渠道外，消费者现在还可以通过短信、条形码、二维码、预付卡、非银行账户、声波支付、虚拟货币等多种工具进行支付，满足了数字化时代消费的支付需求。

传统的银行和银联自然不甘示弱，也在努力转型。目前，在中国内地上市银行总收入的占比中，支付相关业务收入从2007年的4.9%上升至2013年的7.5%，2013年支付相关业务收入占银行手续费收入的36.4%。

作为支付市场的新进入者，第三方支付的总体规模相对于整个社会的支付体系而言仍然较小。2013年，第三方支付交易规模为18.2万亿人民币，仅占非现金支付工具交易规模的1.1%。然而，后生可畏，它对银行综合收益的冲击不可小视。

目前互联网支付、银行卡收单和移动支付是最主要的三种类型，分别占第三方支付市场规模的59%、33%和7%。从趋势上看，前两者呈现增速放缓的态势，而移动支付则呈现爆发式增长，年增速从2010年的50%提高到2013年的694%。可以预见，移动支付将为金融服务市场带来从产业形态到商业模式的巨大变革。

2. 购物

购物数字融合市场的发展动因主要三方面：较低的市场进入壁垒、庞大的消费群体和较为成熟的基础设施环境。随着中国居民的家庭可支配收入保持稳定增长，零售市场发展潜力非常可观。中国城镇消费市场规模已超过3万亿美元，其中，中低端消费群体占近2/3，是数字购物市场的主力军。埃森哲预测，这些中低端消费者的总支出到2020年将翻一番，达到4万亿美元。

传统的购物生态链呈单向的链状结构，边界分明。随着数字化的普及，以淘宝和京东为代表的各大电商平台不断成长，并通过平台开放策略，推动了线上购物不断增长；同时，众多团购网站、地图导购、社交媒体等数字购物入口服务商也纷纷涌现，零售圈内的跨渠道融合成为大势所趋。

电子商务的持续深入，让传统门店的经营步履维艰、后继乏力，传统零售企业不得不选择转身，积极开展线上和移动购物业务，转成全渠道零售；整个链条的上下游企业，如制造商、品牌商、物流企业等也开始借助电商平台涉足终端销售，零售市场呈现参与者主体急剧多元化的特点。整个购物的生态从过去的链状逐渐演变成了多向相互渗透的圈状。

时至今日，购物数字融合市场的重要特征是，跨渠道的双线融合、零售与非零售企业的相互渗透和围绕以消费者为核心开展的业务模式。随着购物市场生态链企业的触角不断延伸，传统业态和行业边界日益模糊化，未来谁能更有效地掌握数据资源，谁就将获得更多主动权。

“值得注意的是，虽然传统的核心行业依然是四个融合市场的主导者，但是进入到这个市场中的生态链行业依靠创新取得越来越大的市场份额。”

3. 视听

传统视听产业的结构是链状的，内容被创作出来之后，需要经过内容集成、播控、分发商，才能传递到消费者。而数字化彻底改变了这一切：高速宽带和联网设备的普及推动了OTT的发展，不同的内容开始以数字化的方式来呈现和传播，大量的互联网企业、电信运营商、智能设备供应商涌入视听行业，原来产业链上的企业也开始与消费者建立直接联系，传统中间渠道则逐渐被取代或被边缘化。

在数字化时代，视听产业内的许多机构都开始了互联网转型之路。各大电视台都发力建设自己的互联网站，实现网上网下一体化的播放，用优质内容吸引观众。而出版社则加快存量内容资源、传统生产流程和传播发行渠道的数字化进程，依靠精品内容与现代科技的融合，锻造新的竞争优势。一些新兴的互联网企业如乐视，抓住电视端竞争中全产业链运营的重要性，开辟了一片新天地。这些企业采用“平台+内容+终端+应用”的垂直一体化模式，构筑了完整的生态系统，使其可以最大化内容和用户的价值，分享产业链各核心环节的利润。

另一方面许多消费者对视听产品的自主权不断加强，不论他们想看什么、听什么，都会到互联网上寻找，并通过多屏设备随时进行欣赏。这使得个性化和消费者体验成为竞争的核心内容，促使媒体娱乐产业的数字化内容与服务的整合和融合不断向纵深发展。

尽管数字化视听产业还面临监管政策、盈利模式等挑战，但未来基于数据分析的广告内容制作与精准投放、多屏营销、全产业链运营等趋势的发展必将创造巨大市场空间，吸引更多行业参与者，再造传媒价值。

“企业在数字融合市场脱颖而出的关键是，深刻理解数字化如何改变自己的商业模式和所在市场的生态。

4. 出行

传统的出行市场中，消费者最大的感受是面临诸多不便。因为基础设施提供者、公共交通运营商、汽车厂商、餐饮酒店等各方彼此关系松散，按照各自的运营模式独立运作。消费者的不便即是创新者的机会，数字化帮助一批新企业加入其中，开始颠覆传统出行行业。

数字出行服务提供商大部分不直接与传统出行企业进行竞争，但它们明白新一代消费者在出行方面迫切的需要，如更多更详细的出行信息、方便的价格比较、出行安排规划、随时随地分享出行体验等等。它们提供的服务主要集中于在线预定（机票、酒店等）、出行共享（出行工具或活动共享等）、互联驾驶（地图、导航、汽车远程服务等）、移动支付等能够提升全程端到端数字化出行体验的服务。它们围绕“一站式出行”的理念，在移动战略和商业模式方面不断创新，形成了非常强大的客户基础。

未来，人们出行将变得更加智能、安全、轻松并富个性化。丰富的出行APP使个人出行变得前所未有的方便和快捷。各种网络短租、共享、拼车拼游在降低人们出行成本的同时将成为风尚。如何创新商业模式，实现渠道间的无缝衔接，从而提供更顺畅和有效的出行服务，将成为数字化出行服务提供商需要重点思考的课题。

制胜数字融合市场

企业在数字融合市场脱颖而出的关键是，深刻理解数字化如何改变自己的商业模式和所在市场的生态。埃森哲总结了数字化融合市场所带来的启示，希望为中国企业指点迷津，从而在既有或新进市场中牢牢把握住价值（和客户），确保竞争优势。

启示1：锻造一流数字能力

数字化时代需要数字化能力，中国企业尤其是传统企业首先要建立跨越多行业的数字竞争力，进行数字化转型。

银行业已开始重视这个问题，纷纷成立相应的互联网金融部门，从总行层面制定全面数字化应对策略。多家银行开始加大对手机银行、微信银行的投入，提高数字化服务能力。而第三方支付公司不断进行产品创新，推出条形码、二维码、非银行账户、声波支付等多种新型数字化支付手段，建立自身的竞争优势。

而缺乏数字和技术能力的传统零售商和消费品公司则选择合作，甚至通过直接收购IT、媒体等企业获取数据和技术能力，推动业务创新。仅仅 2014年前7个月，中国零售和消费品公司为获得数字能力而发起的并购就高达28起，超过了2012年和2013年的总和。

启示2：获取消费者洞察

无论什么时候，准确把握消费者需求提供超值消费体验的企业将立于不败之地。在数字化时代，企业需要利用数字技术和数据分析，及时获取消费者洞察，围绕消费者的价值主张提供高预期服务。在购物领域，一些零售企业通过O2O模式实现全渠道无缝运营，提高购物体验。如优衣库尝试线上与线下联动的O2O模式，消费者可下载APP上的二维码对指定商品进行打折优惠购买，积极推动线下实体店向线上的导流。而一些实体店也在积极创新，如美特斯邦威体验店内设有书吧、咖啡吧等设施，营造更加轻松舒适的购物体验。

许多在线视频企业通过前几年的实践，积累了电影、电视剧、综艺节目等内容的自制经验。它们利用互联网思维和用户大数据挖掘，在制作过程中就积极与消费者互动，了解消费者喜好并及时调整内容，精准切中观众的收视需求，迅速获得了大量用户。

启示3：借助数字化提升企业传统管理能力

随着数字化技术变得越来越易于获取，未来的赢家必须无缝融合传统技能和数字技术，并且将整体技术优势与人力资本和组织能力有机地组合在一起。

银行意识到自身多年来积累的网点优势，开始在电子渠道和传统渠道整合方面大做文章。它们试图依托网点，深度整合线上生活的多样性和线下交易的真实性，利用大数据分析技术发展在线社区金融服务。

汽车厂商则开始进行数字化销售和营销，通过开拓在线和移动销售、数字品牌体验店等方式促进销售。如上汽集团开发的O2O平台“车享网”已经上线，为客户提供一站式服务。

启示4：掌控数据这一竞争命脉

新时代一个显著特征是无处不在的海量数据，哪家企业能在这些数据中找到智慧，自能无敌于天下。作为国内领先的网络零售商，京东应用得最为广泛的工具之一就是大数据。京东通过大数据对客户进行智能分析，开展个性化营销；在存货管理方面，系统依据数据和模型，进行销量预测并自动下单。这些方式都有效地提高了京东的消费者体验和运营效率。

数据分析还让“以客户需求为中心”不再是一句空话。传统零售企业和新的

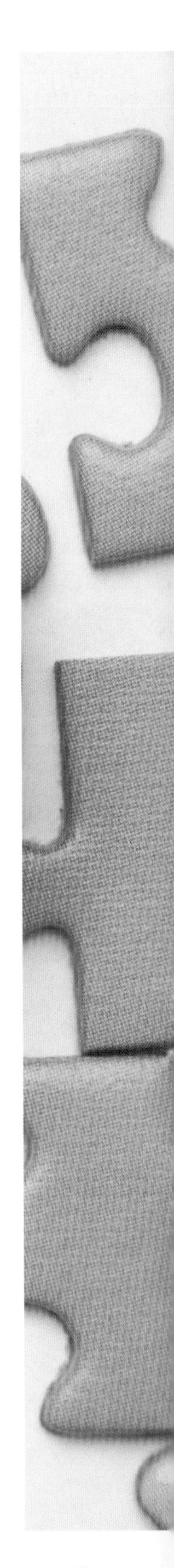

市场进入者都高度依赖与消费者购物行为相关的数据，借此调整产品和服务，使之进一步满足客户的特定需求。随着购物生态圈企业数字融合程度的提高，企业可从更多渠道跨行业获取和分析消费者数据，帮助企业精准产品开发和营销，扩大客户群。

启示5：善于跨行业工作

行业界限正变得越来越模糊，在围绕数字化消费者的需求组织运营时，企业可能随时需要部署多个行业的全方位运营和实施能力，才能实现对消费者的价值最大化。活跃于数字融合市场的中国企业一定要比竞争对手更擅长跨行业工作。

银行现在通过设立电商平台等方式，涉足零售、保险、航空等领域。如中国建设银行旗下的网上商城“善融商务”，包括个人商城、企业商城、房e通等多个板块，为企业和个人客户提供各类金融服务以及商旅、日用百货等非金融服务。2013年，善融商务的交易额达278亿元，位居同业领先地位。主营物流配送的顺丰速运公司试水电商，成立了“顺丰优选”、“顺丰E商圈”等电商平台，还获取了第三方支付牌照。

在数字化时代，中国企业领导者必须明确企业的数字化竞争战略，在融合市场中准确定位，将数字化变成自身的核心竞争力，才能在未来竞争中实现跨界增长。

总而言之，在中国，成功的数字化企业必须深入了解数字环境中消费者的关注重点和诉求，利用数字技术，推动业务的获取、增长和再造。为此，企业需要制定详细的战略发展框架，确保数字化能力为新的业务模式和运营模式持续提供支持。

作者简介

李纲，埃森哲全球副总裁、大中华区主席，常驻上海，gong.li@accenture.com；

陈旭宇，埃森哲大中华区咨询业务市场总监，常驻北京，xuyu.chen@accenture.com；

高爽怡，埃森哲大中华区研究经理，常驻北京，sherry.s.gao@accenture.com。

延伸阅读

《制定增长战略，决胜数字世界》，埃森哲报告

《重塑客户市场》，埃森哲报告

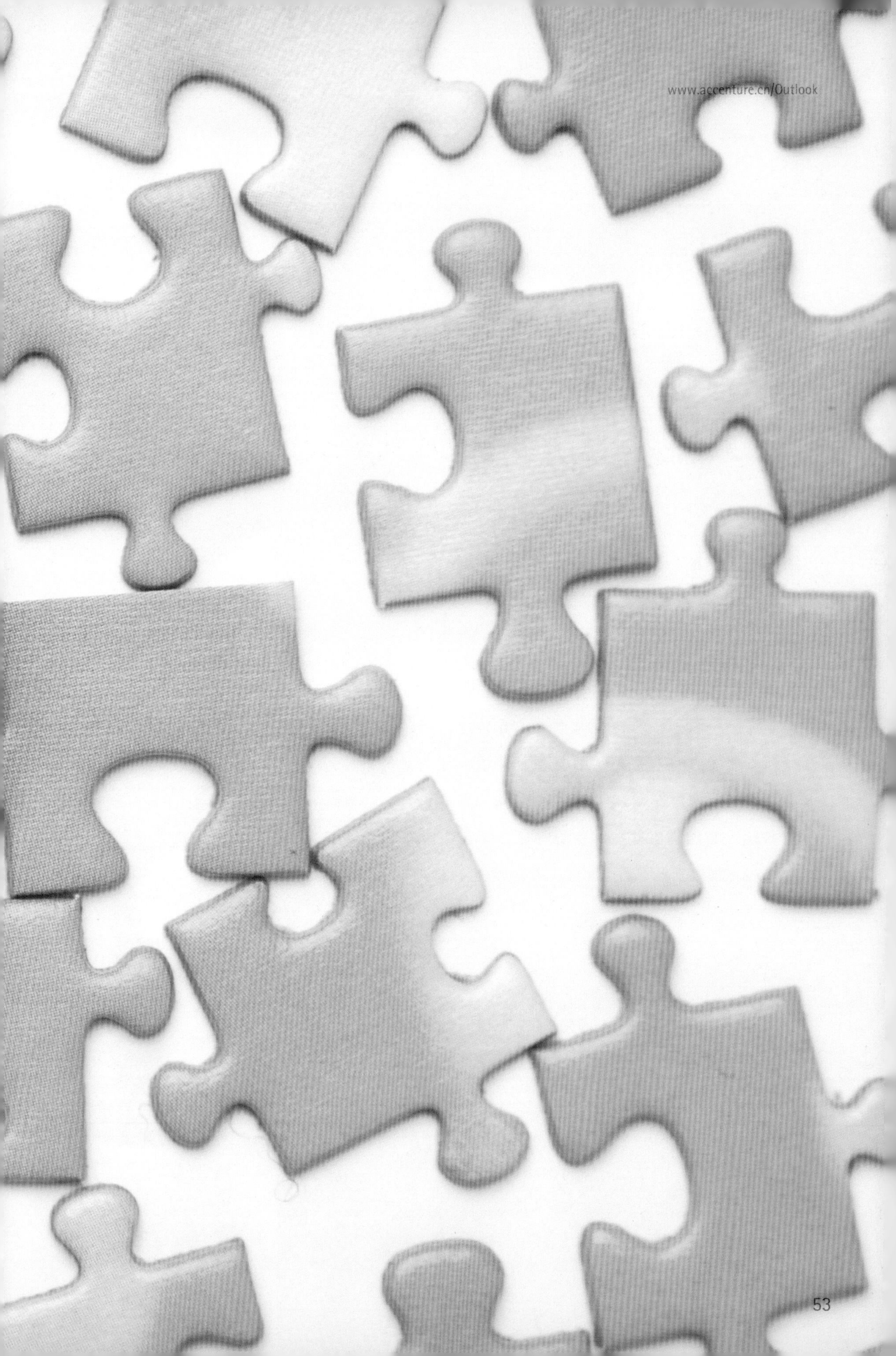

特写

企业战略

数字 2.0 时代 B2B 电商战略

王嘉华

B2C电商如火如荼，B2B电商却方兴未艾，但后者的市场规模和发展潜力，远远大于B2C电商。那么，企业如何把握互联网带来的机遇，在B2B电商领域有所作为？我们认为，明晰定位、统一规划、以客户为中心的能力建设，并辅以组织机制保障，是制胜法宝。

ackspace
Inse
Dele

近年来，以云计算、大数据、社交媒体、移动互联为代表的新兴数字技术和业态使得数字化对企业和个人的影响扩大，我们正进入一个数字2.0时代。这不仅在技术手段和能力上极大地丰富了B2B企业的电子商务，也扩大了其应用范围，目前B2B企业的电子商务早已超出最初的“基于互联网完成线上交易”的概念，延伸到企业的销售和采购端，以及企业价值链的各个环节，甚至是企业的外部利益相关方，进而衍生出诸如B2C融合、供应链金融、大数据分析等多种创新业务模式，使企业收入来源更加多元化。

B2B电商发展现状与驱动因素

B2B电子商务平台，泛指各种企业与企业之间的线上交易和交互平台。相对B2C电子商务平台的交易双方而言，B2B电商平台的交易双方更加多元化。一般来说，B2B交易模式存在于5个业务场景中，如图1所示。

图1 B2B交易模式的五个业务场景

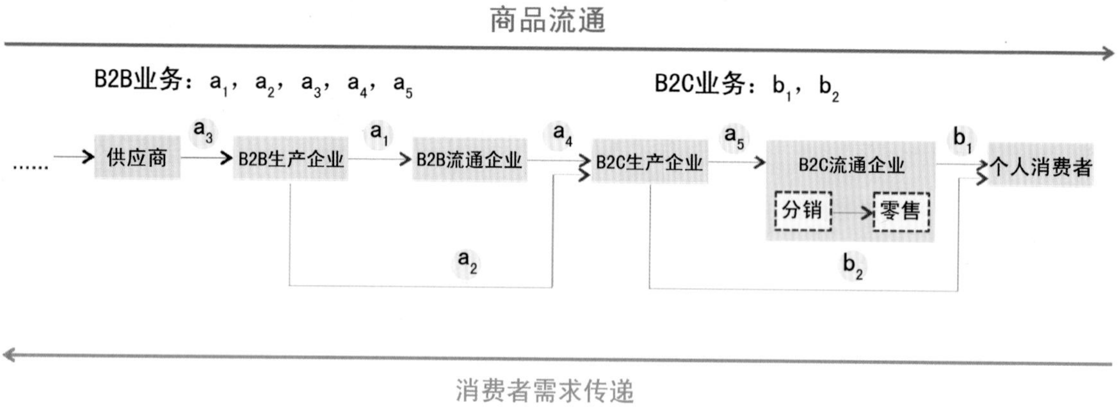

商品流通

B2B业务：a_1，a_2，a_3，a_4，a_5

B2C业务：b_1，b_2

…… → 供应商 →(a_3) B2B生产企业 →(a_1) B2B流通企业 →(a_4) B2C生产企业 →(a_5) B2C流通企业（分销 → 零售）→(b_1) 个人消费者

a_2：B2B生产企业 → B2C生产企业

b_2：B2C生产企业 → 个人消费者

消费者需求传递

B2B这种应用场景的多样性，导致了B2B电商平台特性的多元化，比如B2B生产企业与供应商之间的电子采购平台、B2B生产企业与分销商之间的电子销售平台，或者流通企业用于匹配上下游交易的B2B电子商务平台；这说明了为什么B2B电商的规模远大于B2C电商。

与B2C电商相比，B2B电商的发展有以下几个特点：

B2B电商规模远远超过B2C电商。B2B电商的交易规模远高于B2C电商，比如美国B2B电商交易规模占其总电商交易规模的90%左右，但从电商技术应用的先进程度、消费者使用频率以及电商平台的知名度来看，B2B电商与B2C电商仍有很大差距。

B2B电商平台以企业自建为主。从电商平台的建设方来看，在B2C领域，互联网电商平台占据约90%的份额，企业自建仅占10%；而在B2B领域，企业自建平台比例达到60%（以2014年估计）。

B2B电商仍处于初级阶段。与B2C电商应用相比，B2B电商仍然处于初期阶段。背后的根本原因在于B2B业务的复杂性，包括产品的复杂性、交易的复杂性、物流的复杂性、客户服务需求的复杂性以及决策链条的复杂性等。

然而，以下两大驱动因素正促使企业不断加大、加深在B2B领域的电商及数字化应用：

一是“企业客户消费者化”。由于终端消费者的需求越来越高，其诉求会沿着产业链不断向上传递，最终达到每一级生产和流通企业。另一方面，企业客户自身也感受到在互联网和数字化时代，各种消费类应用的益处和便利性。

上述两个因素直接导致的结果就是，“企业客户购买行为的消费者化”——即B2B企业产品及服务的下游购买者，其购买行为和决策过程，越来越像是终端消费者的购买行为。如图2所示，埃森哲对13个国家、20个行业的1400多位B2B型企业的管理人员所做的调查显示，企业客户的购买行为和方式，正从传统的线性管道式转变为持续评估的循环式：期望更多的信息、更便利的自我引导查询、更专业的供应商、更敏捷灵活的响应速度、更好的服务等，并且在考虑及评估环节花费更长时间，对最终决策形成更多影响。

二是企业自身提高运营管理效率的诉求。随着企业业务的复杂程度越来越高，传统的信息化手段（ERP、CRM等）已经不能很好地满足企业运营管理需求，比如不能及时有效地获得分销商的各种业务数据、不能处理大量非结构化的

图2 B2B客户购买行为变化示意

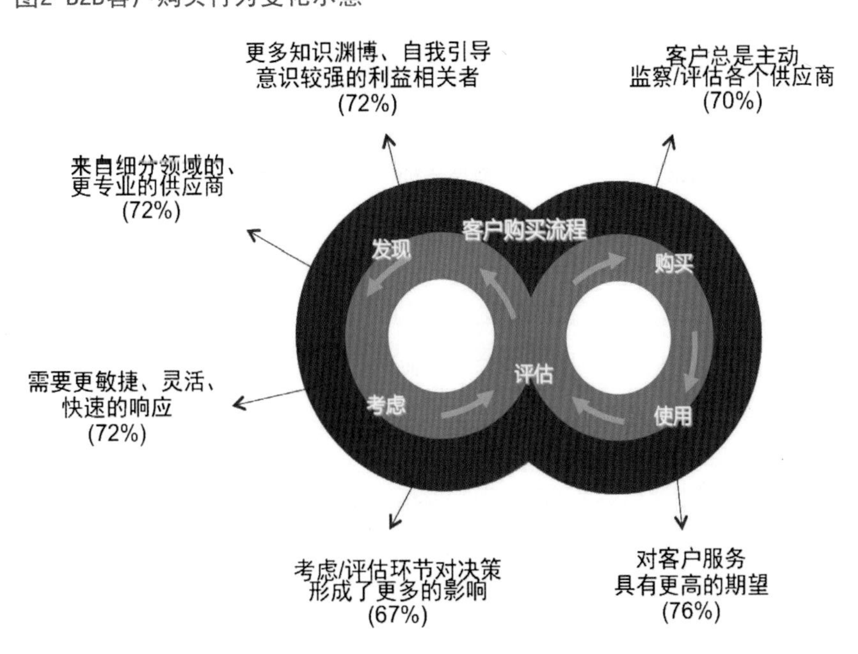

%：同意该特性的被调查者比例

客户和消费者行为数据等。新的互联网技术，比如移动应用、大数据等，为企业解决这些问题提供了新的手段。但由于B2B业务的复杂性以及企业固有的运营机制等原因，企业在应用B2B电商时，主客观上都存在一定的制约因素。

理解上述两个驱动因素至关重要，因为这预示着B2B电商平台的发展正在向着B2C模式靠近。

六大发展趋势

数字2.0时代，B2B电子商务从之前的电子交易模式向综合服务模式转变、从线上线下分离向多触点和多渠道的线上线下融合转变、从单一上下游交易向多方共存及共生的生态圈合作转变。同时，B2B和B2C的边界变得越来越模糊。在我们看来，B2B电子商务发展呈现如下六大趋势：

趋势一：从电子交易平台向综合服务平台演进。B2B电子商务平台发展的3个阶段如图3所示。B2B电商当前正从电子交易平台向综合服务平台演进，未来将逐步建立起一个网络化、金融化、电子化的平台，为客户提供全方位、一站式的交易、金融、物流、仓储、加工、资讯等综合服务。在服务多元化的同时，电商平台的经营理念也发生了转变，从销售产品演进为向客户提供全套解决方案。

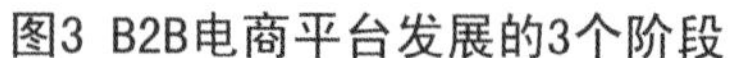
图3 B2B电商平台发展的3个阶段

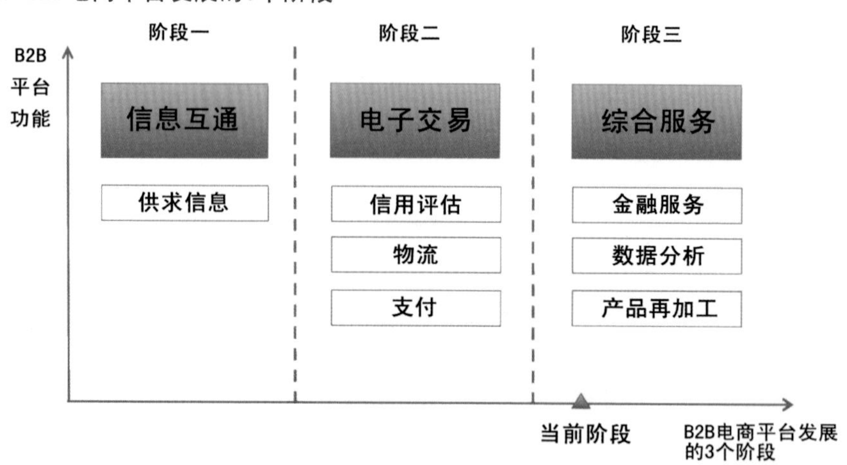

趋势二：从线上线下分离到跨渠道、多触点、随时随地无缝衔接模式演进。数字时代，企业与企业间的交互和服务模式，将演变成跨渠道（线上、线下）、多触点（线上的多个触点、线下的各种客户交互场景）、沿着企业服务生命周期的各个环节（售前、售中、售后）、随时随地无缝衔接模式（如图4所示）。

趋势三：从上下游交易的单边模式向多方共存互助的生态圈模式演进。在企业通过B2B电商平台向客户提供综合服务时，B2B平台的主要使用者已经从原有的上游产品企业和下游分销商或者产品使用企业，增加为有多种角色在内的生

图4 从线上线下分离向跨渠道、多触点、随时随地无缝衔接模式演进

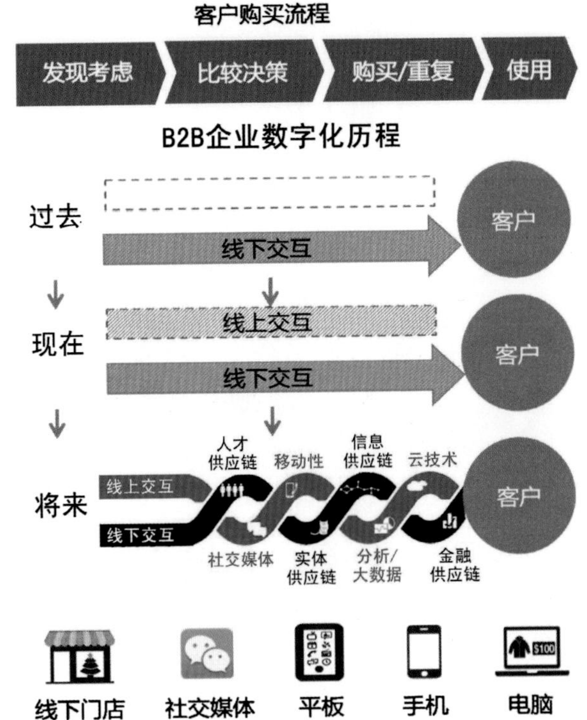

态圈模式：一方面，众多的企业仍然是围绕着为产品的购买者（即原有的企业客户）提供各种增值服务；另一方面，这些增值服务的提供者彼此之间，也可以产生交易和服务关系（如图5所示）。

趋势四：从企业电子商务到产业电子商务平台演变。基于国务院发布的《关于促进信息消费扩大内需的若干意见》，国家鼓励大企业、大集团建设基于供应链管理的企业级电子商务平台，并进一步打造成覆盖同类型企业的行业电子商务平台；支持企业依托产业集群和专业市场，建设集信息、交易、交付、物流等服务于一体的专业类电子商务平台，特别是大宗商品交易平台。不少产业龙头企业纷纷触网，并由“纯电子商务平台”向“产业电子商务”转移。例如，某钢铁流通企业，打造电子商务平台，形成集聚的产业链布局，掌控、盘活和延伸上下游供应链；晟通（SNTO）采购网，从单纯制造向“制造＋服务”转型升级，整合输出运营和云服务解决方案能力；电缆买卖宝，整合电线电缆行业上下游的产品生产、运输、库存、金融等需求，为产业链上下游的制造商、专卖店、终端客户及物流配送商等提供一站式解决方案，实现库存调剂和“平台化OEM”。

趋势五：移动、社交媒体、大数据得到充分应用。基于互联网的移动应用、社交媒体、大数据分析是近期推动电子商务（包括B2B和B2C）应用不断普及、丰富和高效的三个主要因素。Gartner的社会性调查表明，42%的营销人员认为未来社会营销的首要投资是分析技术，销售商也越来越注重社会性倾听、社会性参

图5 从上下游交易的单边模式向多方共存互助的生态圈模式演进

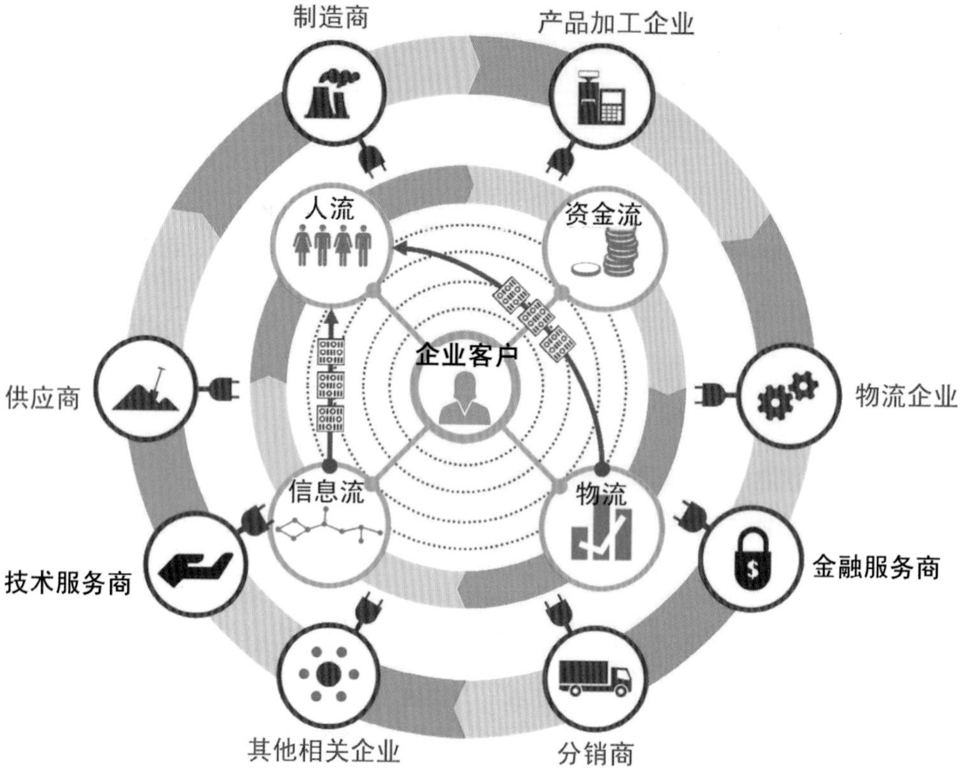

与和测量。大数据分析对电子商务的推动，不仅让企业能更加准确、及时地对客户做出判断，数据本身也成为企业的重要资产，形成了数据供应链产业。

趋势六：B2B与B2C融合。从电商平台的技术可能性以及企业和个人需求的匹配性出发，用于企业之间的B2B平台和服务于个人消费者的B2C平台之间的融合正在进一步加深。2012年成为这种融合加深的标志年。2012年4月，亚马逊试水B2B，推出了垂直领域B2B电子商务平台Amazon Supply，产品主要为工业原料、机械零部件和五金器具；2012年5月，环球资源与京东商城、亚马逊、1号店、当当网和苏宁易购洽谈合作，帮助这些B2C企业寻找优质供应商；线下连锁巨头麦德龙进军B2B业务，且在中国开始运营，网上商城将依托门店和物流中心进行全国配送；2012年6月6日，亚马逊中国成为慧聪网采购通会员，同时入驻慧聪网的还有京东商城、当当网等其他B2C企业。

B2B与B2C融合，关键在于彼此核心运营能力的外延。B2B强大的采购能力与低成本的运作方式，可以为B2C企业提高采购效率、降低采购成本。B2C庞大的消费者资源，可以使得B2B企业更加了解最终用户的需求，从产业链上向终端消费者进一步靠拢。

（下接第63页）

海尔：打造互利共赢的供应链金融生态圈

作为一家综合家电龙头企业，海尔要面对上万的下游经销商，这些企业的表现在很大程度上影响着海尔供应链的效率和水平。但要促进这些企业的发展并不容易，他们大部分是小微企业，贷款难、融资难。

埃森哲提供的智慧

在埃森哲的帮助下，海尔在2012年打造了B2B电子商务平台，把对分销商的管理从线下搬到了线上。在电子商务平台建立之前，经销商都是通过呼叫中心人工下订单，进行各项业务办理，服务时间和效率有限制。电子商务平台建立后，海尔与经销商可以做到7*24小时互动，服务时间大大延长，经销商也可以通过电子平台进行自助下单。

电子商务平台的成功为海尔的数字化打下了基础，海尔成功打造了自己的供应链金融系统，把B2B的交易平台延伸到金融领域，这些企业被纳入了海尔的生态圈，从之前简单的供销关系变成了互惠互利、互相依存的伙伴关系。

图1 海尔的供应链金融平台

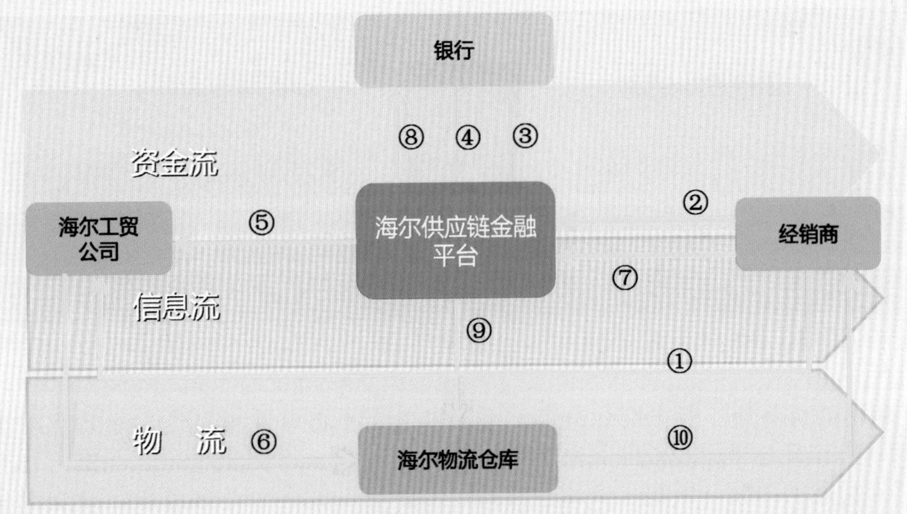

①通过海尔B2B平台下订单；②申请融资；③建议额度及保证金比例；④放款至经销商受监管账户；⑤定向支付；⑥发货至监管仓库，货物进入质押状态；⑦申请赎货；⑧经销商还款；⑨通知仓库，货物解除质押；⑩通知经销商提货。

首先，在这个生态圈中，经销商、海尔工贸公司、海尔物流仓库和银行的角色和职能都是围绕着海尔供应链金融平台有效开展。对经销商来说，他们可以通过电子平台完成对海尔的交易。对于平台上的其他角色，则是通过该平台获得的实时数据来指导决策：银行根据平台的企业信息决定额度划定、贷款的金额并通过线上平台完成交易，仓库则根据银行的数据实施发货等。

其次，该平台的另一个特色就是实现了物流、现金流和信息流的三流合一。在新的生态系统中，以信息流支撑资金流、物流，并通过它们连接生态圈中的各个主体。从图1可以看到，经销商通过电子商务平台下订单，同时也产生了融资需求，这时银行会通过供应链金融平台提供的信息给出一个建议额度和保证金比例，之后放款到经销商的受监管账户，在支付完毕后，海尔工贸公司会得到支付信息并发货至海尔物流仓库并进入质押状态。在经销商还款完毕后，仓库会解除抵押并通知经销商提货。可见，在海尔供应链金融生态圈中，各个流程无缝衔接，大大提升了供应链的响应速度。

多赢的革命性创新

海尔的供应链金融带来的是“革命性的创新”，它颠覆了供应链上各个连接点原有的运作模式，这种创新带来的是 “共赢”，这也是该生态圈的活力和持续性所在。

图2 逐渐成形的海尔供应链金融生态圈

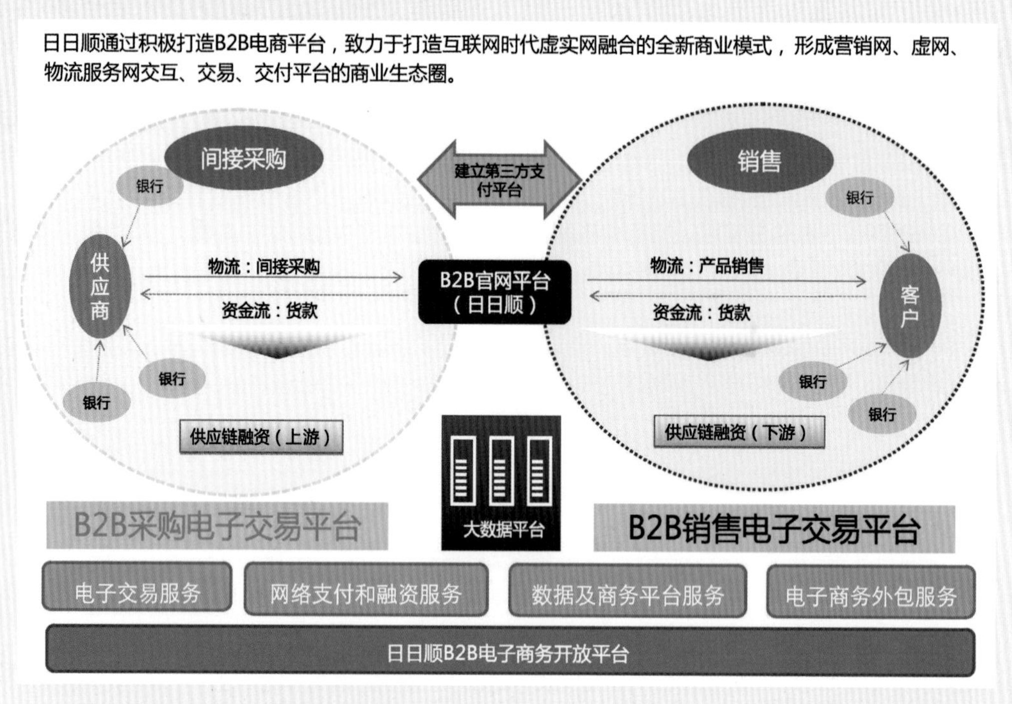

互惠互利，消费驱动。对于海尔来说，金融供应链的建设让其与下游企业的关系更加紧密，加深其对海尔的黏度。解决了贷款融资问题不仅降低了下游企业的成本，也直接降低了海尔作为核心企业的成本和经营风险，而下游企业实力的增强也扩大了海尔的销售规模。金融供应链的存在也让海尔“人单合一”的战略得以更好地落地，这种以用户为中心，“按需生产”的模式需要有强大的数据支持和更快的供应链反应速度，金融供应链让该战略成功落地。海尔目前的预订单占比从20%提升至60%，完成从“生产驱动消费”到“消费驱动生产”的转型。

满足小微企业真正的小微贷款需求。在海尔，下游企业如果有融资需求，可以在电子平台提交申请，其他的流程也都是在线完成，透明可追踪，企业不必准备大批材料奔波于银行。而对于贷款难题之一的资产抵押，以这些企业的营运状况和货物作为资产抵押，信息安全透明。同时，贷款具有很大的灵活性，相对于大型企业的资金需求数量大，借款周期长，小微企业对贷款的金额需求小，批次多，对资金的需求更急。在供应链金融平台上，可以做到十几秒放款，金额也从常规的几百万、几千万下降到几万甚至几千元。

低成本低风险。对于银行来说给小微企业贷款的最大障碍就是成本和信用。在供应链金融平台，资金的审批、发放都通过系统自动完成，极大地降低了人工干预，接近于零成本。这对于每笔资金都非常小的贷款来说，成本的降低对于提高银行的参与度非常重要。而信用风险也是长期困扰银行的问题，通过供应链金融平台，把分散在各个交易环节的数据都集中起来，形成一份整体性的信用记录，大大降低了银行的贷款风险。

通过努力，海尔的供应链金融生态圈将11000多个经销商聚集在一个平台，线上交易额已经达到400亿元人民币。生态圈效应明显，预订单大幅度增加，现货从60%下降到40%，供应链响应速度比之前提高3倍。海尔逐渐实现了向合作共赢、和谐发展模式转变。

（上接第60页）

抓住B2B电商的价值

B2B电商平台为企业带来的价值包括三个方面：提升效率、增加收入和业务创新（如图6所示）。

图6 B2B电商平台的价值

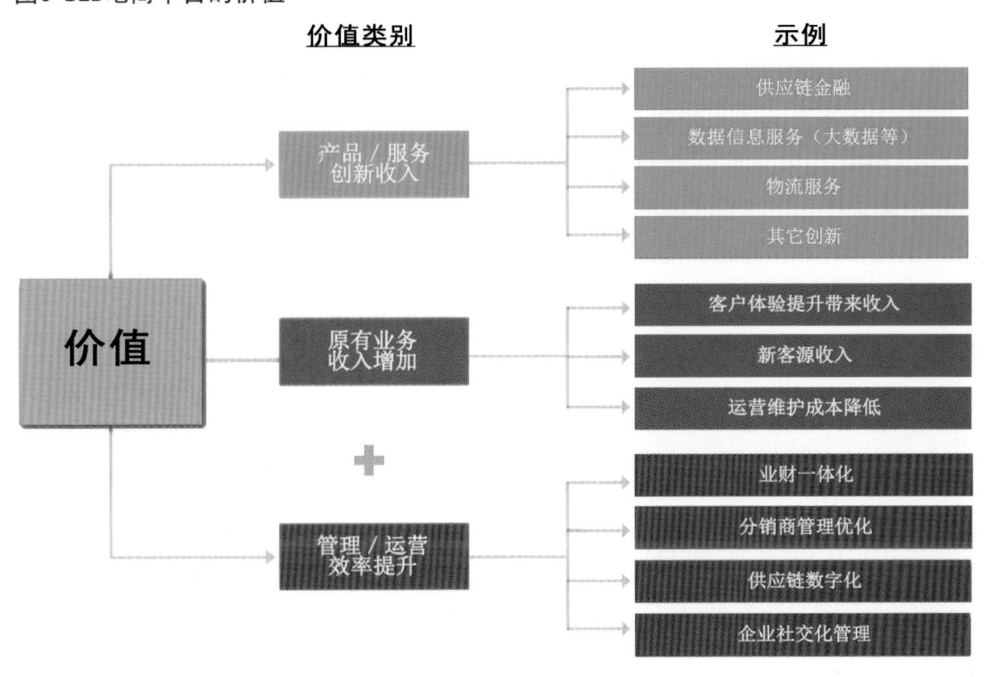

首先，B2B电商能提升管理和运营效率。B2B电商平台对企业的分销商管理、供应链管理以及内部员工管理交流等，都能起到提升效率的作用。举个例子，分销商管理——传统的线下模式中，产品制造企业在依赖分销商进行产品销售时，经常遇到分销商管理不善的问题，比如渠道间和区域间的窜货影响价格体系、渠道不畅导致政策不能有效传递给零售商、对分销商进销存的信息了解不充分、掌握不及时等。同时，企业自身的分销商管理人员也会有意无意地滞留产品政策或信息，获取灰色收入。通过B2B电商平台，可以显著提高信息传递的准确性、透明性及可控性，提高企业对分销商管理效率的同时，也为分销商带来益处。

其次，B2B电商能增加原有业务收入。原有业务收入的增加来自三个方面：一是客户体验的提升引起的单个客户的购买量增加；二是B2B开放式电商平台引来新的客源；三是通过直接降低运营费用来增加利润，比如及时正确地补货减少了和分销商之间的交流及运输成本等。

最后，B2B电商能带来创新型业务收入。创新型业务有两种类型，一种是电子商务平台的运营企业与平台的其他服务供应商合作，为客户提供更多增值业务，平台运营企业自身也从增值业务收入中获取一部分收入。创新业务的第二种类型，是将本来用于服务企业自身客户的能力开放出来为更多潜在客户服务，从而获利。这时，企业原有的成本运营中心，可以转化为利润中心。以大数据分析业务为例，为了确保电商平台各种交易和互动的有效运营，电商平台企业需要做大量的数据分析以便不断优化平台的管理运营方式。这种数据分析结果不仅对电商平台本身有用，也能为平台上的其他服务提供商或者平台之外的企业创造价值。

企业在考虑建设B2B电商平台时，要同时从这三方面考虑，并充分探索电商为原有业务的运营模式和产品及服务带来的创新机遇。

挑战及应对

目前，B2B电子商务在运营中面临着定位不清、竞争意识不足、客户服务能力不足等若干问题和挑战，其中有的是B2B和B2C企业共有的挑战，有的则是B2B型企业面临的特有挑战。

挑战一：电子商务平台定位不清。电子商务平台对企业的价值以及在企业发展中扮演的角色到底是什么？对这个问题的理解很大程度上决定了企业的电子商务平台会建成什么样子。有两种常见的片面理解，一个是将电子商务当作一个销售渠道，而不是一个客户充分互动的平台，从而简单地将电子商务平台建设成为一个具备丰富交易功能和产品信息的平台，忽略了为吸引客户购买而需要做的各种辅助支持工作，因而无法有效实现客户购买量的提升；同时也失去了通过与客户全方位、多环节互动而产生的业务创新机会。

另一个片面的理解，是把电子商务平台看作一个线上渠道，与线下割裂开来。从管理上说，单独将线上业务划分出来，相对易于启动，对原有业务和组织的影响小。但这么做，实际上割裂了客户在多渠道多触点的无缝体验流程，不但失去了线上线下的合力优势，更可能因为线上线下的不一致给客户带来负面体验。

实际上，应该把电子商务平台看作是一种可以全方位、多环节、多触点和客户接触，进而了解客户、分析客户、为客户提供产品和服务的平台，同时，这个平台与原有的线下业务一定要互相配合、取长补短。换句话说，线上线下是紧密交织在一起为客户提供服务、与客户互动的。正确理解了电商的价值后，企业建B2B电商需要考虑的另一个重要问题是建立自用的电商平台，还是可供第三方使用的开放式平台。两者的商业和运营模式有很大差别。

挑战二：缺乏竞争意识。传统企业在将自建的电商平台开放供第三方使用时，有时会忽略了竞争的存在，而简单地认为把各种电商平台具有的功能建设齐备，就自然会有用户使用。

企业搭建B2B电子商务平台，可以有两个目的，一是实现原有的线下分销业务；二是将这个平台开放给其他上下游企业使用。将原有线下分销业务搬到电子商务平台，其实是销售过程的电子化。这么做可以解决不少企业原有分销业务线下运营时的问题，但没有发挥电子商务的全部潜力，同时也不需要担心这个平台是否有用户的问题，因为原有的分销商必须要用这个平台。但当企业进一步将这个平台开放给上下游的其他企业使用时，就需要仔细分析和考虑这个平台在整个行业中的价值和竞争力，要设计出有足够价值的产品及服务来吸引其他上下游企业来使用这个平台。

国家倡导行业龙头企业建立产业电子商务平台。但是每个龙头企业都需要从自身特有的资源禀赋出发，从解决产业实际面临的问题出发，搭建电商平台。那种功能大而全，希望服务于全行业上下游各种企业的平台是难以真正实现的。

挑战三：传统投资与新的客户行为需求不匹配。如图7所示，传统企业将近45%的资金投入到客户购买环节，例如投入大量的人力资源进行在线客服工作等。然而，研究表明，客户却将70%的时间和精力投入到了购买前的信息查找、决策和询价阶段。并且，这部分时间中他们并没有与供应商进行面对面的互动，而是通过Google等搜索引擎、第三方网页、微博等社交媒体渠道获取信息。换句话说，传统企业花了很多资源在客户并不使用的地方。这种投资与客户需求的不匹配，既导致客户体验差，也使得企业难以下定决心颠覆原有的模式，寄希望于通过小修小补实现转型，充分利用原有投资。

图7 传统投资与新的客户行为需求不匹配

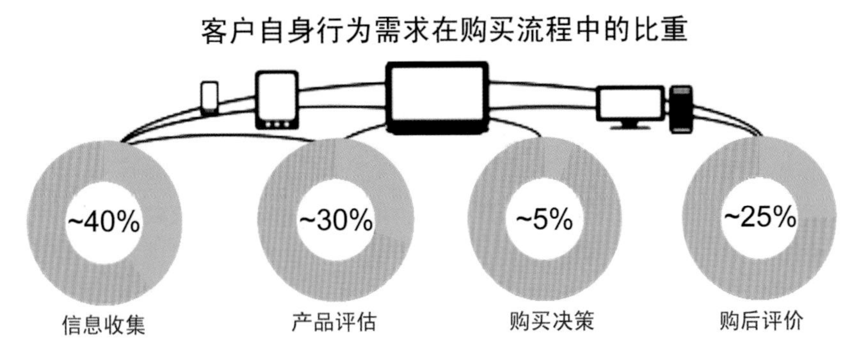

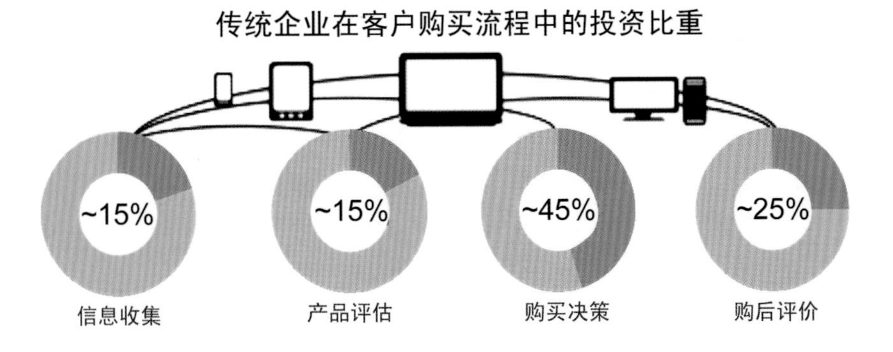

挑战四：组织机制和运营模式难以适应电商平台的运营。在互联网时代，数据分析等能力成为企业的关键能力，并且需要在组织架构和运营机制中体现出这点。而传统企业的组织架构和运营模式，以及在客户全生命周期中提供的服务和与客户间的互动，对客户体验的重视程度以及对数据分析的重视程度，都与互联网时代的需求不匹配。

挑战五：企业客户的能力和动力不足。B2C型业务中，终端消费者已经习惯于使用各种网上消费、网上查询、社交媒体等线上工具，企业只需要尽快调整自身。而B2B业务中，企业除了需要自己转型，还要帮助企业的下游客户转型，设计合理的业务规则，打消下游企业转为线上的顾虑，同时协助下游分销商建立IT能力，学会应用线上操作。这成为B2B企业建设电商平台需要克服的又一挑战。

因此，为了应对诸多挑战，企业需要把建设B2B电商平台当作是在互联网和数字化时代重新打造自身能力和竞争优势的契机，而不是单独的一个业务。总的来说，要实现成功转型，需要做好以下三个方面工作：

首先，明晰定位、统一规划。明确电商平台在企业中的定位和角色：电商平台建设是企业战略层面的工作，可以让企业全面了解客户、掌握客户、服务客户并进行业务创新。电商业务的规划需要做到三统一：①线上和线下统一，线上线下业务和运作流程统一规划，实现对客户的跨渠道无缝体验；②前端（营销、销售和服务）和后端（供应链）统一，确保供应链能力可以满足前端客户对敏捷性和便利性的要求；③业务、组织架构、IT统一规划，企业原有的组织架构和工作流程通常不能很好适应基于互联网方式的业务运作，需要重新规划设计。

其次，加强以客户为中心的重点能力建设。电商平台的成功运营，需要注意5个重点能力建设：

①跨渠道无缝客户体验：其特征是服务响应反应迅速、跨渠道无缝衔接、客户的随时参与和互动；②线上线下全面一体化运作：实现对客户服务的跨渠道无缝体验，要求线上线下业务从市场营销、产品服务设计到供应链管理的全线打通，而不仅仅是前端的客户服务界面打通；③大数据分析能力：能从多方获取客户的行为数据，包括传统的结构化信息和新媒体的异构数据，并且能对数据进行各种维度的分析，指导企业的运营决策；④移动和社交应用能力：建立移动策略和社交策略，对外实现与客户的随时随地互动，对内实现运营管理的随时随地互动；⑤生态圈运作能力：电商平台的成功依赖于与众多服务提供商的有效合作。合作伙伴的类型和数量会随着生态圈的成长而不断增加，并可能成为生态圈的用户。电商平台的运营企业在吸引合作伙伴加入生态圈时，需要根据双方业务的差异性和合作附加值两个方面制定不同的合作策略，并高度重视掌握客户资源、数据以及自身能力提升的重要性。同时，在电商平台规划之初，就应采取“众包”和开放的思路，积极吸纳潜在合作伙伴以及企业客户加入规划团队，从一开始就做到以客户需求为中心，由客户自己设计自己想要的产品和服务。

最后，从组织机制层面提供保障。项目的成功启动、顺利实施以及电商平台的成功运营，需要由企业高层领导牵头，搭建包括互联网运营经验的人员在内的运营团队：①高层领导挂帅：B2B电商平台的建设运营，涉及企业不同的职能部门。项目的牵头人必须具备足够的影响力和资源协调能力，确保项目的顺利实施。企业通常会请IT部门的人员牵头，做跨部门协调，或者成立创新中心，协调业务和项目进展。无论哪个部门协调，都必须由企业高层领导直接挂帅，统一协调业务和IT工作、统一协调不同部门的配合问题；②运营团队搭建：互联网时代，客户体验的重要性达到了前所未有的高度，团队的运营能力成为成功的关键要素之一。电商平台的运营团队应由原有行业人员和具备互联网运营经验的人员共同组成，确保互联网的思路也能以互联网的方式运营和落实。

在数字2.0时代，电子商务对于企业而言，已经远不是一个销售渠道或是线上客户互动的平台，而是企业向数字运营模式转型的有效切入点。依靠电商平台的建设，企业可以加快向以客户为中心的模式转变。借助互联网和各种基于互联网的新兴技术手段，企业能真正做到随时随地了解客户、服务客户，从而在数字化时代继续发展壮大。

作者简介

王嘉华，埃森哲大中华区战略咨询部门总监，常驻北京，hanson.jiahua.wang@accenture.com；

本文作者特别感谢埃森哲中国研究院刘东院长（博士）、埃森哲大中华区战略与可持续性董事总经理李广海以及段新乙、张龙、田辉、汪峰、马新安、唐勉嘉等同事对本文的贡献。

拥抱开放式创新

邱静，马苏德·劳曼尼（Masoud Loghmani）

企业需要打开创新大门，打造敏捷、高效、具备成本优势且可持续的创新型组织，建立“高度互联互通” 的开放式创新体系。

ETS
BRAND
BRAND
ASSETS
BUDGET
PLAN
PRODUCT
MARKETING
SALES
SERVICE
ACTIONS

时代已经发生了变化，随时随地的互通互联让人们更及时、更广泛、更深入地与外界互动。此时，企业需要打开创新的大门，打造敏捷、高效、具备成本优势且可持续的创新型组织，建立“高度互联互通”的开放式创新体系。

企业创新面临严峻挑战

高度互联互通的社会，使得信息得到全方位的快速传播和融合，这对企业而言，既是机遇又是挑战。由于数字技术带来的颠覆性影响，体现“多快好省”的新产品及新服务不断在市场上涌现，它们既有可能很快被市场接受，又可能很快衰落；这种局面造成企业学习的时间大大缩短，新产品新技术所带来的竞争优势很难维持；由于各产业融合混战、跨界竞争，竞争者来自于四面八方，也让企业应接不暇。

环境越是多变，创新越显重要。既然市场需要“多快好省”的新产品和新服务，企业创新就要满足以下四个要求：定位准——创新要找准市场和消费者痛点；速度快——创新的周期要缩短；价格低——对创新成本要更有效地管理，做到物美与价廉兼得；多维度——创新不仅仅局限于传统意义上的科技创新，还要流程、商业模式等多方面的综合创新才能将创新的价值最大化。

我们针对中国100家大型企业总部创新负责人的调查也证实了创新的艰难（见图1）。

图 1 目前企业所面临的创新难点

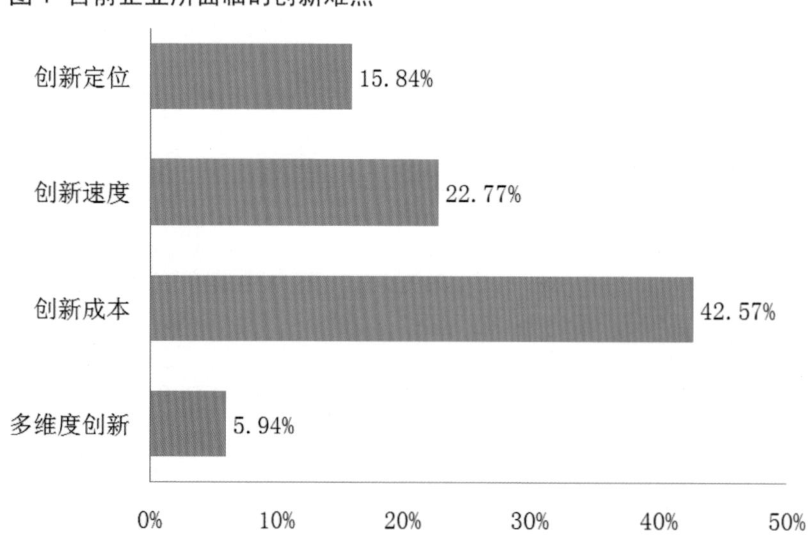

数据来源：埃森哲卓越绩效研究院，《2014 中国企业创新调查》。

开放式创新取代内部创新

在新环境下，旧有的创新模式已经无法适应新的市场需求。长期以来，国内外的优秀企业采用的都是内部创新模式——企业使用自有研发设施，独立开发一切所需要的技术或解决方案，完整拥有创新成果的产权，把整个创新过程全部置于企业内部。

这种“一切答案，尽出于我”的内部创新模式已经显得力不从心，“自建、自研、自有”的内部创新模式不仅耗资靡费，而且效果及效率无法应对瞬息万变的市场以及残酷激烈的竞争。

是时候彻底改变了。为了补充创新资源提升创新效率，越来越多的企业采用了新的创新模式——借助“外脑”的开放式创新。值得注意的是，拥抱开放式创新的企业并不仅仅是拥有“开放基因”的互联网企业，众多传统行业的世界500强企业也都广泛地采用开放式创新这一新模式（见图2）。

图 2 开放式创新目前所处阶段

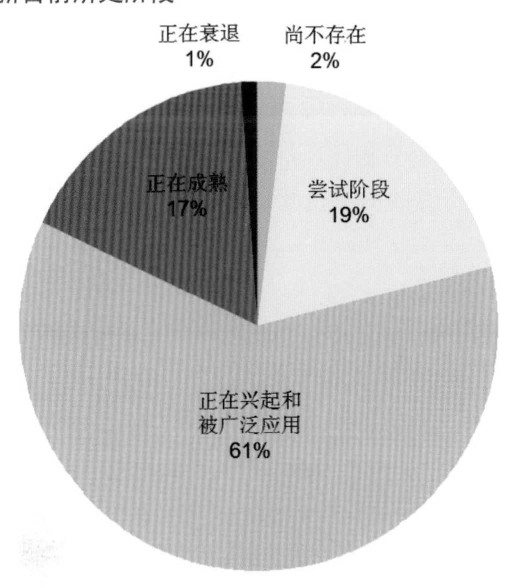

数据来源：InnoCentive，2012 年全球开放式创新现状。

何为开放式创新？其理念是提倡最大限度地利用外部资源，引入创新主体参与到企业创新过程中，以求改善创新绩效、达成创新目标。虽然高度互联互通性给企业创新造成了新挑战，但也为企业利用“外脑”进行开放式创新提供了强大的技术工具。正是由于这些技术工具的进步，企业具备对新技术、新服务的搜寻和网罗能力，企业创新中心的边界不断扩大，将广大的消费者、供应商、合作方、个人专家和研究机构都纳入到自己的创新资源当中（见图3）。

图 3 外部资源在创新不同阶段的作用

	定义问题	选择&确认方案	研发	整合
企业内部资源	对市场洞察不足，难以找准创新点	内部视野受限，技术储备不够	内部研发耗资大，效果和效率无法满足市场需要	跨部门协调整合
外部资源带来价值	来自消费者、市场、上下游合作伙伴更加广泛的意见	可提供多种类跨领域的解决方案供企业选择	最胜任的“外脑”提供专业解决方案	了解创新需求方和提供方之间的需求和差异，提升整合效率
开放式创新的形式举例	企业设立用户社区论坛用以搜集用户需求和反馈信息，如小米设立的MIUI用户论坛	企业建立对外公开平台，通过平台发起技术咨询和招标，如飞利浦建立的Simply Innovate 平台	通过技术中介平台达成深度合作协议，如西门子通过第三方技术中介平台 NineSigma 寻找技术合作方	第三方独立服务中介协助双方整合，如埃森哲开放式创新中心

资料来源：埃森哲分析。

开放式创新和内部创新不是非黑即白的对立关系，而是相辅相成的关系。何时需要借助外力？企业可以通过以下两点来判断：一是企业所处的外部环境。当外部环境变化剧烈、复杂程度高、不确定因素多的时候，企业单靠自身资源难以应对，或独立行动风险过高。二是企业创新的影响范围和程度。设想一下，单一产品的研发创新和跨部门跨事业部的组织大变革相比，后者所需要的技术储备、管理能力、创新资源更多更复杂，对外部资源的需求也就更迫切（见图4）。

图 4　企业创新模式的选择空间

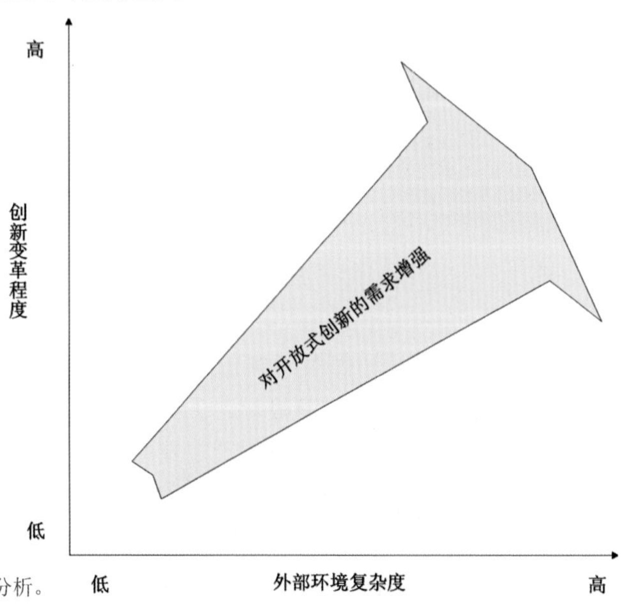

资料来源：埃森哲分析。

（下接第74页）

埃森哲开放式创新服务——联结大企业和新技术

面对不断涌现的创新型新锐企业的威胁，企业需要借助开放式创新，充分利用新兴高科技企业的生态系统提供的创新池，以寻找新思路以及效率高、成本低的商业问题解决方案。

要做到这一点，企业面临的最大困难是：如何对外部创新成果进行试验、调整并保证消化好创新成果，也就是怎样才能把外部创新融合到自身。目前的大企业层级多、束缚多、行动慢、转身难，而且畏惧冒险。以全球2000强企业为例，全部是基础架构复杂的“大象”，很难将新兴企业的创新技术融入其中。因此，“整合吸收”成为这些企业实施开放式创新的焦点。

埃森哲的开放式创新服务，破解的就是“整合吸收”问题。为提高消费者体验，一家全球连锁的快餐集团需要改造它的IT基础设施，但它决定要扩大考察范围，除了那些老合作伙伴外，还要看看考察一些新兴初创企业，看它们能否提供颠覆性的技术或服务来彻底改变已有运营模式。

在实施过程中，埃森哲首先和这家企业一起确认了其战略优先事项，然后据此对它所在的创新生态系统进行了重点调查，帮助它们识别潜在可合作的新兴企业。经过反复搜寻和重点调查，埃森哲最终帮助客户识别出五家高度创新的初创企业。这些企业所提供的技术对这家大企业的现有业务具有很强的颠覆潜力。

在埃森哲举办的创新峰会上，五家公司向目标大企业展示了它们各自所能提供的技术。通过和这些新兴公司的交流，这家大企业了解到目前市场上合适自身业务的新技术，以及这些新技术如何能够帮助自己实现所期待的创新目标。

埃森哲提供的这种开放式创新服务，能够满足大企业的创新需求。原因在于埃森哲服务团队有两大利器：既和创新型新兴企业及整个创新生态系统有广泛且深入的联系，又能从战略和技术两个层面了解大企业业务的复杂性。

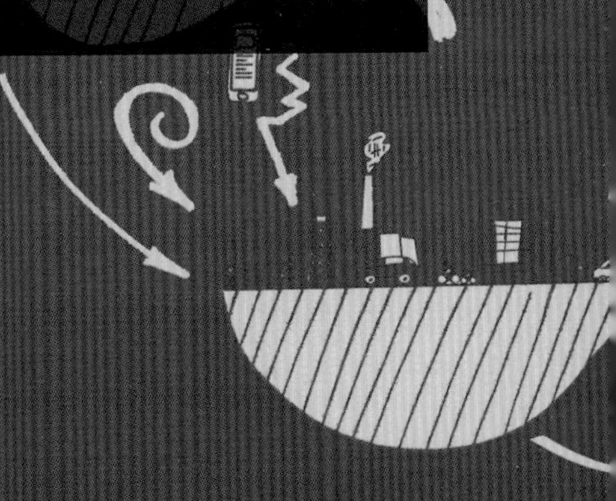

 （上接第72页）

开放式创新平台的三种模式

开放式创新形式多样，但核心都通过搭建一个平台，和“外脑”互联，搜寻、识别和选择出最能满足企业创新需求的合作方，使之成为企业内部创新资源的重要补充。

开放式创新平台主要有三种模式：

模式1：企业自建平台

这一模式又包含两种平台，一为半开放，一为完全开放：

模式1a：企业自建半开放平台

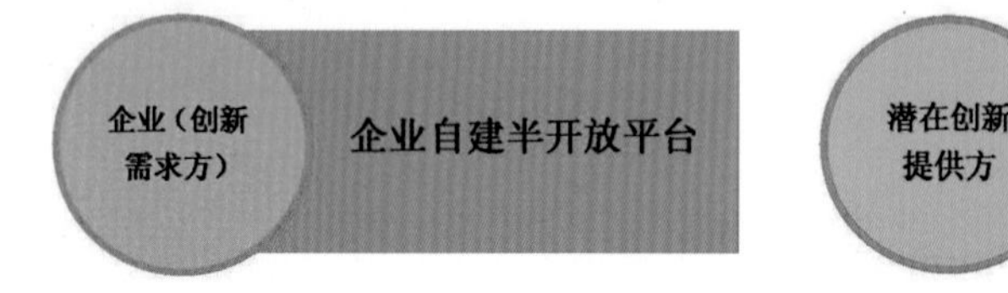

企业自建创新平台，通过平台连接到潜在的创新提供方，但这个创新潜在提供方是一个固定、相对封闭的群体，并不是任何机构都能加入。宝洁等公司都有这样的半开放式创新平台。常见的情况是将企业自身价值链中的创新活动与固定数量的、长期合作的、大型供应商的创新活动结合在一起，企业开发电子化平台用以传递相关技术信息，保证了合作开发的实时沟通，还能以互派人员等形式进行联合开发。

模式1b：企业自建全开放平台

与上一种模式类似，企业自建平台对外开放，但对创新提供方并没有限制，任何个人、研究机构、企业都可以作为创新方案的提供方加入这个平台。企业在平台上提出创新需求并招标，创新提供方将自己的解决方案提交给企业，由企业进行筛选，并与最优方案提供方建立合作关系。

飞利浦和海尔都有这样的自建开放式平台。飞利浦在其开放式创新平台Simply Innovate网站上，提供公司正在研发的产品类别和开放式创新挑战项目。大到完全原创的新创意和新技术，小到对现有产品的改进和新产品的零件设计，任何人都可以通过这个网站提交一份详尽的方案描述。飞利浦的创新团队会对这些方案进行评估，看其是否有助于改善产品性能或满足用户需求，并在6周之内提供反馈，对可行的方案双方再商讨具体的合作创新方式并进行实施。

模式2：独立第三方创新集市为创新需求方和提供方提供一个交易平台

这类的开放式创新平台是由第三方建立的独立创新交易集市，这个平台就像桥梁一样联结其创新的供需双方。企业在上面提出自己的创新需求，有能力的个人、机构、企业提供自己的解决方案供需求方选择。欧美国家已涌现出大批独立创新开放平台，比如Kaggle、NineSigma、IdeaConnection、Innocentive等。

根据创新提供方合作方式的不同，这一平台又包括两种形式。一种是创新提供方为独立的个人或机构，一对一地为企业服务。这种模式的典型代表是成立于2000年的NineSigma，它是一家涉及众多行业和领域的独立中介机构。NineSigma将技术需求方和技术供应方联系起来，为前者在各种行业中搜索解决方案，同时也为后者的技术和创意提供用武之地。技术需求方可以通过NineSigma的网络进行技术咨询或招标，收到技术概要的供应方通过同一网络将解决方案反馈给需求方。技术供应方是第三方独立机构，其中小型创业公司和大型公司占到60%，科研人员占到30%，其余为公共或私立实验室。

另一种形式为创新提供方是一群原本不相识的个人，他们一起合作完成一个项目。这是以“一对多”的近似“众包”方式进行合作。典型代表如成立于2010年的Kaggle，这是一个进行数据挖掘和预测竞赛的在线平台。与Kaggle合作之后，一家公司可以提供一些数据，进而提出一个问题，并由此开展一个解决方案的竞赛。Kaggle网站上的数据科学家可组队，参与到这个竞赛中来受领任务，提供解决方案，并展开竞争。最好的结果将获得奖金，而举办竞赛的公司也能最终拥有数据分析的结果、模型等知识产权。

模式3：第三方独立机构提供“端到端”的开放式创新全流程服务

随着开放式创新模式被越来越多的大企业所运用，企业通过开放式创新所解决的问题越来越复杂。最开始开放式创新解决的多是单一技术或产品层面的需求，现在解决的问题涉及企业整个运营流程的改变、商业模式的变革。因为这样的创新解决方案影响的是整个企业，而不是一个局部的产品，因而企业无论是在量上还是在质上，对开放式创新都有了更高的要求，同时，也需要更有效地管理开放式创新的潜在风险。正是在这样的背景下，一些第三方机构开始为大企业提供“端到端”的全流程服务：他们听取企业的创新诉求，在此基础上帮助企业搜寻合适的外部创新提供方，协调双方的创新活动，达到最优的整合效果。

对比模式2和模式3，模式2中的第三方平台承担的是一个集市的作用，平台本身不会参与到企业具体的创新管理当中去。而模式3最大的不同之处在于，第三方机构提供从“前期搜索”到“后期整合”整个创新管理的全流程服务。

开放式创新平台对比

建立开放式创新平台并不一定意味着创新效果和效率的显著提高，企业还需要应对其他挑战，其中一个显而易见的挑战是对“外脑”的识别能力上。也就是，在企业资源允许的范围内，要保证“外脑”多样性、可得性和与企业需求的匹配性等多个维度上的最优。

另一个挑战是，第三方提供的技术、服务无法和企业内部流程、体系完美整合起来。利用外部创新资源并不意味着企业应该削弱对创新过程的控制，恰恰相反，企业需要具备强有力的创新过程控制和整合能力，包括：对内外部创新活动及其过程的规划、管理和控制，以及最终将第三方技术或服务成功整合到企业现有机制等全方位的能力（见图5）。

以上列举的四类创新平台由于所有权、运营模式、开放程度的不同，因而在面对“外部搜寻”和“内部整合”时也表现各异（见图6）。

图5 许多大企业正在努力引进第三方技术，但第三方管理并不容易

	合作方选择	合作方整合	共同发展	扩大规模
流程低效	对于大企业（创新需求方）来说，对潜在目标新技术做好尽职调查很关键但也很困难	并非所有关键的利益相关者都参与了前期的调研工作，容易导致后期在技术转让、生产以及商业化等方面的问题	企业内外部研发资源难以协调、缺乏吸收新技术的能力和明确的方法	在整合第三方所开发或提供的新技术时，组织内部的变革和转型会成为一个挑战
流程固化	大企业流程严谨，对外合作政策繁杂不够灵活		合作方被企业过多的流程工作所压倒（尤其当第三方是个人或创业企业时，而这种合作关系最为常见）	小的合作方难以满足大企业在制造及采购方面的政策要求
信任问题	缺乏对合作方专业技术的信任	大企业和合作方（很多情况下是初创小企业）文化差异较大，合作中常出现矛盾		在后期大规模生产过程中，大企业往往要求全权掌控，遇到问题单向的提出解决方案，难以以平等姿态对待技术提供方

资料来源：埃森哲分析。

图 6 四类创新平台对比

开放式创新平台模式	平台特点	外部搜寻能力	内部整合能力
模式 1a:	企业自建、半开放，创新提供方范围较固定	较低	高
模式 1b: 	企业自建、开放，创新提供方范围不受限	较高	较高
模式 2:	第三方独立平台，创新提供方范围不受限，为供需双方的交易集市	高	低
模式 3:	第三方独立平台，创新提供方范围不受限，提供“端到端”的全流程服务方	高	高

创建开放式创新体系

建立开放式创新体系是一个长期的系统工程，企业需要放眼长远，布局整体，逐渐建立、完善开放式创新体系，理想化的路线图包括三个成熟度区域和两个关键能力（见图7）。

图 7 实现创新愿景的路线图

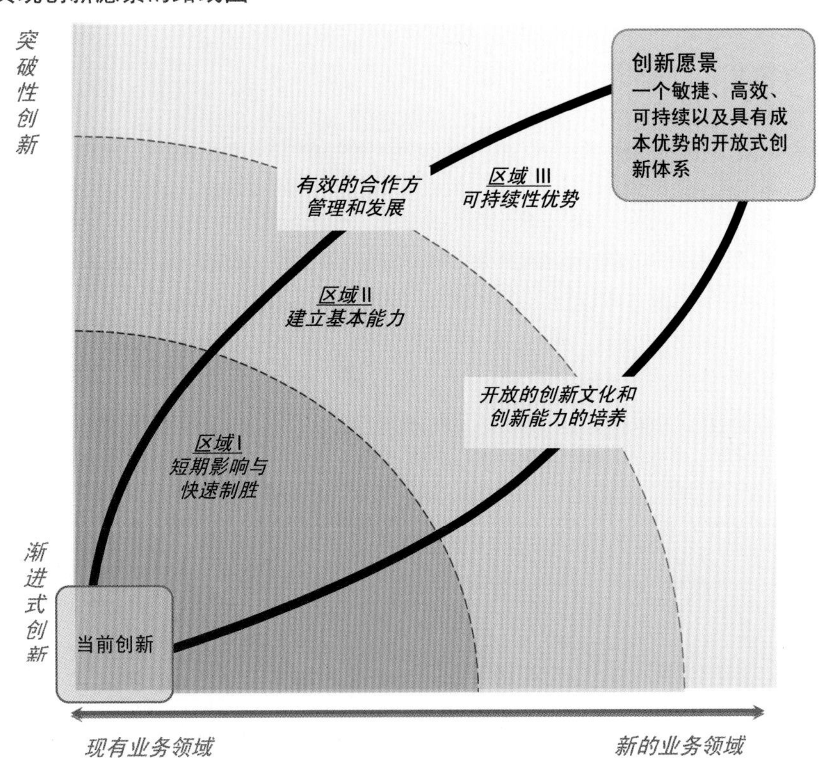

• 有效的合作方管理和发展

短期内，企业要在内部明确合作方的职能、责任以及所有权，不断完善合作方筛选标准；中期来看，企业要将合作方管理流程化、制度化，包括合作方的选择、合作关系的建立以及双方创新活动的整合；在这一过程中，邀请合作方加入，一起对这些活动加以改进和优化，提升双方合作效率；随着在开放式创新平台方面的经验积累，企业要明确开放式创新的边界条件、适用情况和应变计划，减少意外事件的发生，提高第三方管理的可预见性和可重复性。

• 开放式创新文化和能力的提升

企业需要将搭建开放式创新平台体系；逐步将开放式创新流程规范化，在企业内部培养相关人才，发展相应能力；长期来看要将开放式创新与企业业务拓展、价值获取有机结合起来，获取持续性创新竞争优势。

企业具体该选择哪种开放式创新平台的模式，并没有一定之规，企业要按需选择最适合的平台模式。但无论采取哪种模式，开放式创新战略并不意味着企业可以减少对创新过程的控制，更不能理解为企业可以放弃内部创新。

恰恰相反，开放式创新对企业整体创新支持体系提出了更高要求。企业面临的三个挑战是：有意识地选择内部与外部创新的侧重点，实现外部创新与内部发展的融合，激励内部员工为外部创新提供持续性支持。外部创新战略要依托企业的内部创新基础才能有效实施，否则开放式创新将成为一个花架子或完全失控。

企业建立开放式创新能力并非一朝一夕的事，管理起来也绝非易事。企业需要和现有创新体系有机结合，外部创新始终要依托内部创新的基础才能得以有效实施。企业高层、总部创新中心、各业务单元和职能部门需要共同努力，充分利用强大的技术工具，建立一个内外资源互为补充的开放式创新体系，从长远和整体上培养企业的整体创新能力。

作者简介

邱静博士，埃森哲卓越绩效研究院研究经理，常驻北京，serena.jing.qiu@accenture.com；

马苏德·劳曼尼，埃森哲开放式创新和战略服务总监，常驻圣何塞，masoud.loghmani@accenture.com。

BRAND
BRAND
MARKETING
SALES
SUCCESS
VICE

从画地为牢到通力合作：

CMO 携手 CIO，打赢数字营销之战

周汉擎，林俊彬

世界已经发生了显著变化：在技术的引领下，中国消费者的消费行为正在经历翻天覆地的变革。新变革给企业的营销工作带来全新挑战，它要求CMO和CIO放弃门户之争，携起手来，汇集力量，共同赢得新时代的消费者。

随着技术的快速发展，数字化已经全面改造了企业的方方面面。在营销领域，消费者越来越习惯在网络尤其是移动互联网上完成购买行为。新变化要求企业的营销和IT部门必须一道找到新的解决方案，应对数字营销新挑战。

埃森哲在2014年进行的CMO调研中发现：导致许多中国企业无法应对新挑战的原因是，CMO和CIO各自为战，缺乏协同。营销和IT部门之间整合上的短板，已取代技术因素，成为制约营销人员绩效提升的头号障碍。本次调研埃森哲采访了全球超过1100名高级营销主管和IT高管。

企业营销部门和IT部门的各自为政是一个严重问题，如果不着手解决，企业未来早晚会被装备新武器的竞争对手颠覆。只有那些把传统营销技术与IT能力相结合的企业（融合营销信息技术），才能洞察客户需求，从大数据中挖掘更大价值，保持企业的时变时新、基业常青。

“中国不但拥有一定技术优势，而且有能力在动态化的数字世界中实现快速创新，这使其得以迅速扩展网购空间，迎接数百万新的线上消费者。”

新机遇新变化

中国消费者的互联网消费行为正在经历一场翻天覆地的变革。在很多方面，中国都已经超越西方世界。目前，中国不但拥有一定技术优势，而且有能力在动态化的数字世界中实现快速创新，这使其得以迅速扩展网购空间，迎接数百万新的线上消费者。天猫、京东、微信、淘宝等领先平台迅速跻身为全球一线电子商务企业。

中国互联网络信息中心（CNNIC）官方公布的数据显示，仅2014年上半年，中国互联网用户数就上升了2.3%，从2013年底的6.18亿增长至6.32亿，位列全球第一[1]。

不仅如此，几乎所有的中国消费者都表现出了高涨的数字消费热情。更为重要的是，来自朋友和家人的信息、见解以及意见，对于中国消费者的购买决策有重大影响。最近一项调查显示，九成以上的中国消费者会利用社交网络比如微博寻找产品及服务信息[2]。

随着网络业务的飞速增长，中国企业正在建立一种更成熟的数字空间投资方式。互联网巨头百度、阿里巴巴和腾讯的崛起，标志着“以整合促转型”的互联网新纪元已经到来。单靠烧钱铺路的时代已成为历史，新的竞争途径是通过提高效率实现盈利性增长。

技术已成营销新重点

中国的数字化格局不断变化，混杂着C2C（consumer-to-consumer）

1 《第34次中国互联网络发展统计报告》，中国互联网络信息中心，2014年7月。
2 埃森哲，“全球消费者动向研究：中国”，2013年10月。

和最初的移动终端到如今的各种店内服务。虽说消费者善于在不同的平台间切换，但人们越来越强调全渠道体验。

在中国，大多数企业的营销部门除了负责数字化营销，还掌控着营销内容和电子商务平台以及相关的运营，由此而形成的交互式和触点式营销，正快速取代电视和纸媒。同时，O2O（offline-to-online）服务在中国的崛起，促使越来越多的营销人员采用更加全面的策略来满足客户不断变化的需求。

在这种背景下，技术迅速成为促进业务增长的营销重点。“埃森哲互动2014年CIO与CMO协调情况调研”显示，受访的在华CIO和CMO中，超过88%的CIO和85%的CMO认为IT部门是市场部门的战略伙伴。这些CIO和CMO都已认识到，加强企业内部的跨部门合作对于推动企业的数字化整合具有重要意义[3]。

在中国至少有1/3的CMO和CIO（33%的CIO和37%的CMO）认为传统营销技术与IT能力的结合，或称之为“营销信息技术”，是IT工作的头等大事（见图1）。他们一致认为，当前中国营销人员的重中之重是加强相关性——通过更加深入的客户洞察提高到达市场的效率，以及从推介活动和客户数据中挖掘更大的价值——这就需要重新关注营销信息技术。

作为营销工作的重点，技术受到中国企业越来越多的关注，而这种趋势目前没有丝毫放缓的迹象。约有七成受访企业在过去一年中对营销信息技术的投入超过1亿美元，其中67%的企业预计下一财年的相关预算会增加5%以上。超过一半的受访CMO（55%）表示，在未来几年中，所在企业的数字化营销预算在营销总预算中的所占比例将超过75%。

图 1 CMO 和 CIO 认为“营销信息技术”是 IT 工作中的重中之重

问题：与其他IT优先事项相比，营销信息技术的重要程度如何？

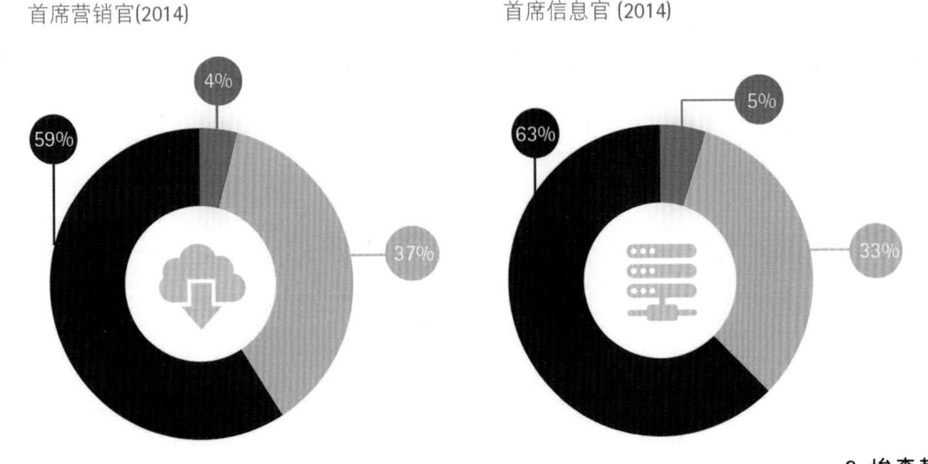

3 埃森哲，“弥合首席信息官和首席营销官的分歧：数字技术驱动新一轮合作”，2014年7月。

CMO和CIO的困境

尽管营销工作需要跟上技术的步伐，仍有四成左右的受访CMO和CIO表示在过去一年营销解决方案的落实遇到了问题，而主要原因正是技术缺乏或不可用等问题（见图2）。

图 2 两类管理者都谈到了妨碍营销有效性的各种问题

问题：妨害营销解决方案或信息技术项目实施，进而有损营销效果的最大问题和障碍是什么？

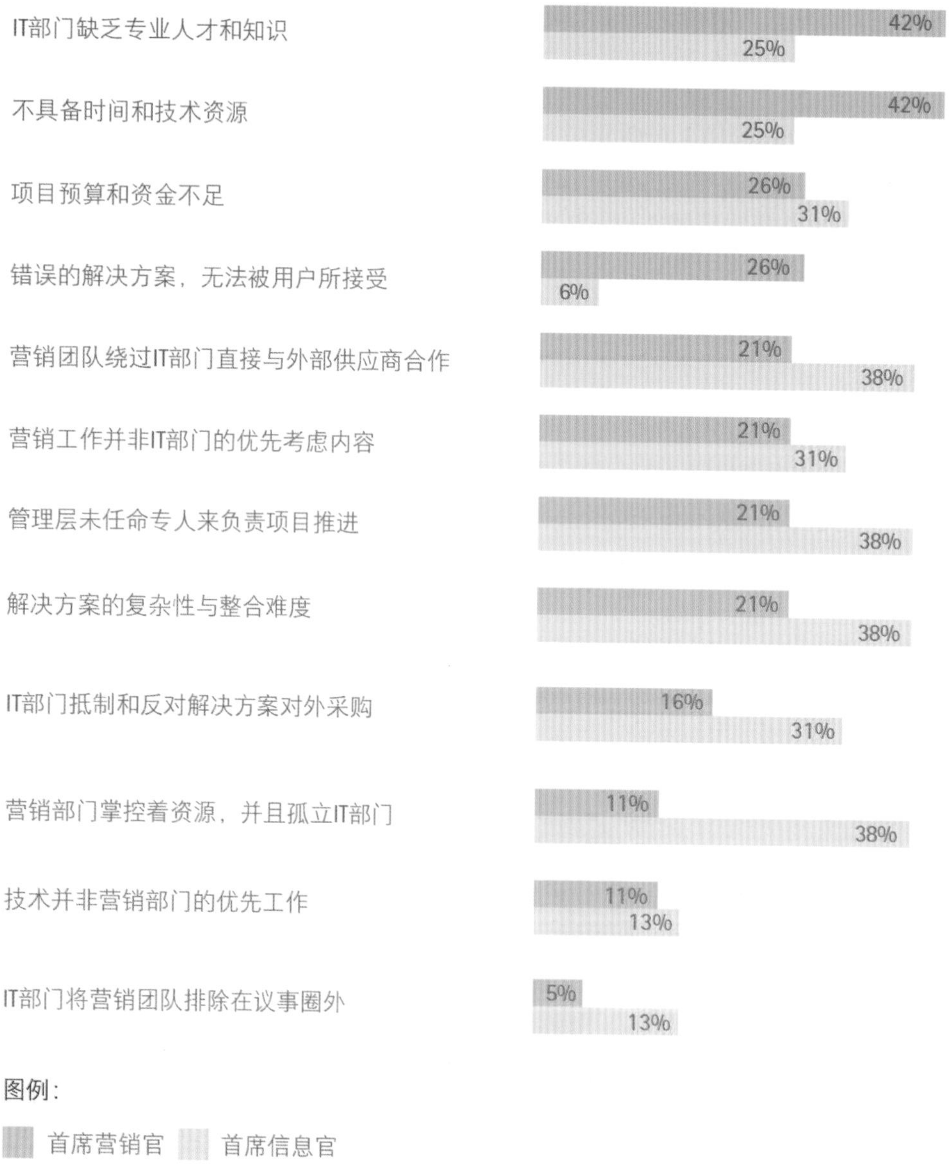

	首席营销官	首席信息官
IT部门缺乏专业人才和知识	42%	25%
不具备时间和技术资源	42%	25%
项目预算和资金不足	26%	31%
错误的解决方案，无法被用户所接受	26%	6%
营销团队绕过IT部门直接与外部供应商合作	21%	38%
营销工作并非IT部门的优先考虑内容	21%	31%
管理层未任命专人来负责项目推进	21%	38%
解决方案的复杂性与整合难度	21%	38%
IT部门抵制和反对解决方案对外采购	16%	31%
营销部门掌控着资源，并且孤立IT部门	11%	38%
技术并非营销部门的优先工作	11%	13%
IT部门将营销团队排除在议事圈外	5%	13%

图例：

首席营销官 首席信息官

CMO现在越来越看重如何利用新的数字技术拓展市场渠道。例如，一个零售商希望打造一种全渠道消费体验，那么他们负责线上销售的营销团队就要调用合适的IT工具，打造无缝化的客户体验。相比之下，在CIO的眼中，新技术更像是改变整个企业的一种手段，而客户体验并非自己的分内之事。

CMO认为IT部门缺乏对市场变化速度的认识，而他们的技术是封闭的孤岛，无法实施于所有渠道平台。许多CMO无力控制内容、数据和管理体验，倍感挫折之下转而选择将解决方案外包。

虽说社交技术和商品化的云服务价格低廉且随处可见，市场部门即便不进行部门合作，也能轻易绕开IT部门，自行购买解决方案，但这种做法的企业总体获利有限。毕竟，营销团队若是采用了这种方式，其实是在组织内部又新添了一座孤岛。

许多CIO认为市场部的同事根本不明白整合新数据集有多么复杂，并且由于对技术不够了解，让他们来做技术运营实在令人无法放心。在此次受访者中，近四成的CIO为营销团队的“绕开”而沮丧，有六成的CIO认为营销部门应当集中精力获取更深入的客户洞察，而不是把重点放在技术上。

尽管两类高管都认为加强市场营销、销售和渠道之间的互动是CIO采用技术时的重中之重，但我们的研究结果表明，CIO比CMO更加注重自身运营能力的提升。

联手才能共赢

中国消费者希望能够从手机到平板设备，在所有平台之间自由切换。这意味着，营销人员需要为线上用户提供一体化的无缝体验。同时，中国的营销人员也不应忽视传统营销渠道。我们的研究显示，虽然在一些行业中线上营销的效果比传统媒体略胜一筹，但对大多数中国消费者而言，通过电视投放的消费品广告依旧是影响他们的主要渠道。

这意味着，CMO必须了解自己的目标客户以及如何接触客户，而这并不局限于数字化领域。客户洞察至关重要，同样重要的还有严格的细分方法，后者是个性化品牌体验的根基所在——线上线下皆是如此。

成熟的市场细分方法能够帮助企业获取所需洞见，从而对渠道投资做出优先排序、优化产品和服务。正因如此，中国的营销人员越来越倚重技术，进而获取对各渠道消费者的特点、需求以及偏好的深入洞察。此外，营销人员现在还必须整合所有的业务渠道和平台，这样才能实现自身目标。

所有这些都直指大数据应用，而这正需要营销人员借用IT专业知识（见图3）。很明显，若是CMO和CIO能够并肩合作，企业便有机会改善客户体验，进一步与客户展开个性化互动。某全球电子企业经过近几年的努力成功推出了一款社交协作平台，可覆盖总部和地方的品牌团队与机构。这样，全球营销团队就可以

营销

图 3 营销与 IT 部门需要配合和互动的关键推动因素

问题：您认为，什么因素正在推动营销部门与IT部门协调一致、密切沟通？

充分利用海量数据正变得日益重要

营销预算正从离线形式转向在线方式，因此需要IT部门更多地参与合作

全球营销计划和渠道的复杂性呼唤着信息技术创新

当前营销工作的数字化内容更高，因此需要更多的技术手段

围绕客户数据的隐私和安全考虑及品牌保护均有赖技术支持

企业的市场接触和参与活动已越来越多地为技术力量所推动

技术支撑并塑造着当今的完整客户体验

我们企业的数字化转型正在推动跨职能部门合作

营销工作中的关联性如今靠数据分析支持

获得技术更加容易，而且可以通过新的方式应用于营销工作当中

获得客户洞察和商情是建立竞争优势的关键

营销自动化是流程改进中一项优先且关键的工作

由于对数字技术的需求，营销工作跟不上销量的增加

无法从外部供应商处找到适当的解决办案

信息技术部门现在不仅是支持平台，而且具备了更多的战略意义

收入增长和工作效率方面的压力越来越大

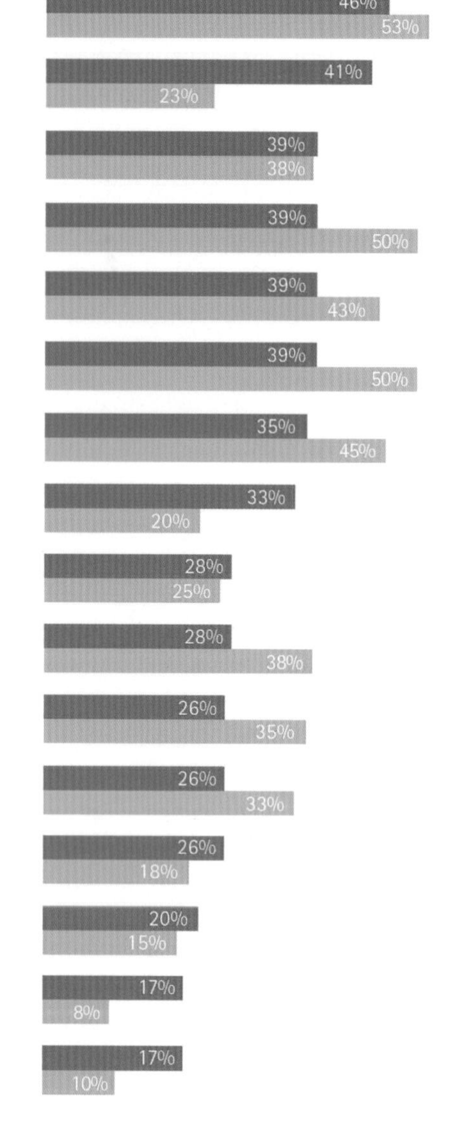

图例：

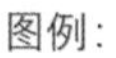 首席营销官 首席信息官

实时分享知识、文件和创造性资产，企业也通过这次数字化转型改进了流程，在规划和实施品牌活动或推出产品时缩短了上市时间。所有这些若是没有IT部门的支持，没有他们对营销团队的全球和本地需求的清晰了解，皆无法实现。

重新调配营销与信息技术职责并非易事，但企业如果不进行这项必要的改造，所引发的不良后果也将难以估量。当一家公司出现了“技术欠债”，内部遗留问题便会严重阻碍其整合进程，从而很有可能引发客户不断流失。

五招让CMO成功联手CIO

我们的研究表明，与其他市场同行相比，中国的CMO和CIO们更有信心，认为自己有能力利用数字化营销渠道带来的机遇。例如，时尚和奢侈品零售行业的企业已开始期待各自的内部团队能在该领域拥有更广泛的技能，包括营销和商业诀窍，以及技术专长。

企业认识到两部门合作的必要性，但是如何才能携手合作？埃森哲给出了五点建议：建立共同愿景、寻求高层支持、灵活应变、实现数字业务分离、面向未来做好准备。

建立共同愿景。企业应当寻求建立一套内部框架，协助管理协作流程，并建立共同的愿景，将CMO和CIO的目标与企业的目标、关键绩效指标和预算结合起来，很好地促进公共平台的建设，使各团队能够共商发展大计。同时，通过这个渠道，也可以更频繁地做有意义的沟通（见图4）。

图 4 中国 CIO 和 CMO 当前的优先合作事项

问题：企业应如何促进市场营销和IT两部门的协作——哪些公司规定、架构有利于推动部门协作？

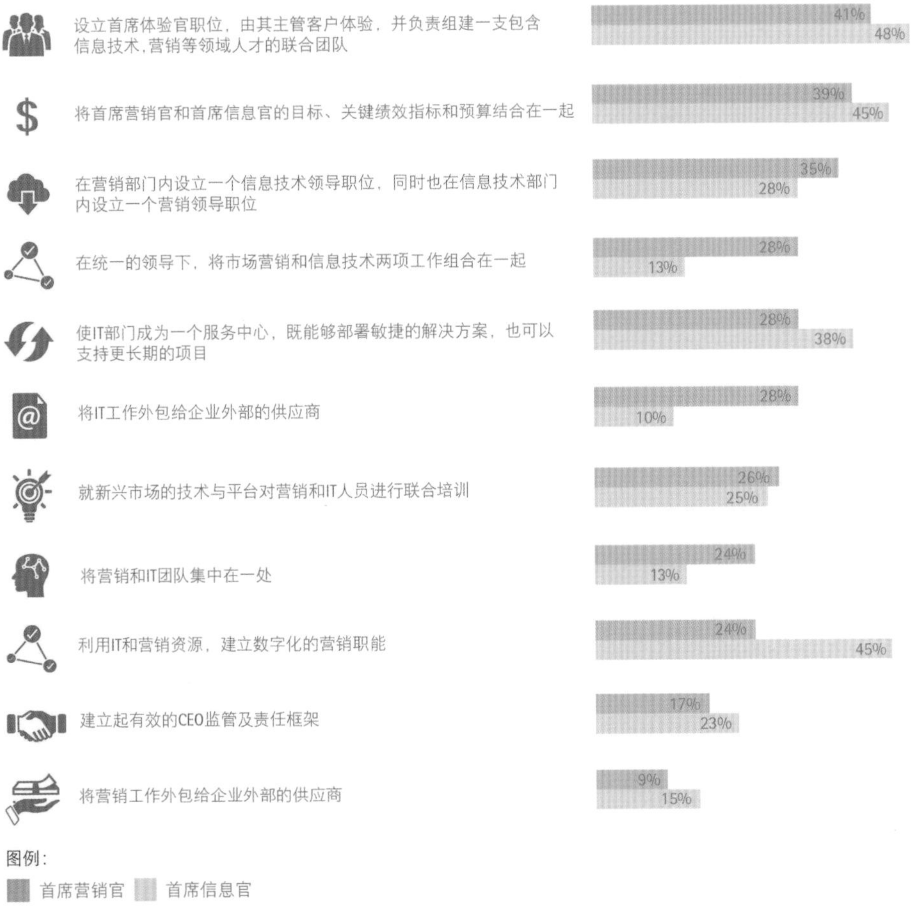

	首席营销官	首席信息官
设立首席体验官职位，由其主管客户体验，并负责组建一支包含信息技术，营销等领域人才的联合团队	41%	48%
将首席营销官和首席信息官的目标、关键绩效指标和预算结合在一起	39%	45%
在营销部门内设立一个信息技术领导职位，同时也在信息技术部门内设立一个营销领导职位	35%	28%
在统一的领导下，将市场营销和信息技术两项工作组合在一起	28%	13%
使IT部门成为一个服务中心，既能够部署敏捷的解决方案，也可以支持更长期的项目	28%	38%
将IT工作外包给企业外部的供应商	28%	10%
就新兴市场的技术与平台对营销和IT人员进行联合培训	26%	25%
将营销和IT团队集中在一处	24%	13%
利用IT和营销资源，建立数字化的营销职能	24%	45%
建立起有效的CEO监管及责任框架	17%	23%
将营销工作外包给企业外部的供应商	9%	15%

图例：
首席营销官 首席信息官

营销

新愿景经常需要CIO和CMO通力合作，才更有可能切入关键重点领域。将用户体验、商务和内容融为一体的战略举措能够为营销和IT团队的配合打下良好基础。一个有效的方法是，中国的CMO和CIO们也都提到，有必要建立首席体验官（Chief Experience Officer）一职，由其管理客户体验，并负责建立一支组合团队。另外，在营销部门内设立一个信息技术领导职位，同时也在信息技术部门内设立一个营销领导职位，这么做有利于将CMO 和 CIO的目标、关键绩效指标和预算结合在一起，让两股力量拧成一股绳。

这样的转变也要求各团队重新审视预算，以及预算的跨部门管理。大部分中国受访者认为，支持营销信息技术的预算应掌握在技术团队手中，全球看来也是这种趋势。受访的CIO认为自己控制了大部分的营销信息技术预算，受访的中国CIO中，约有45%表示掌控预算的比例在75%以上，而CMO掌控预算在75%之上的比例只有37%。

企业应当确保，任何新的数字化战略都必须获得市场和技术两大职能部门的一致认同——这不仅仅是上面管理层的问题——所有解决方案都要获得相关各方的支持和助力，包括内部和外部的利益相关方。在此基础上，企业应当更进一步，绘制一张“体验蓝图”来展示客户体验功能。

寻求高层支持。许多大型全球企业都鼓励CEO参与创造更具协作性的氛围，以此应对营销与IT部门工作脱节的问题。我们也看到， IT部门和营销部门合作的成功范例，大多数都有CEO或执行指导委员会的支持与关注。

另一种解决方案当前在中国也越来越流行，即设立一个复合型职位，如首席营销技术专家或首席数字官。如果某个人兼具信息技术和营销才干，同时又能在两项工作的整合中融会贯通，就可以获得任命。这种做法可为企业带来诸多积极成果，包括改善客户体验及缩短面市时间。但要取得成功，还要明确该职位的汇报结构，同时，目标和关键绩效指标的规划也与公司希望取得的成果和文化紧密联系。例如，中国某领先零售商通过聘用营销技术专家，将信息技术和营销充分融合在一起，改善了客户体验，加快了面市速度。而当信息技术参与到企业的营销活动中之后，运营和推广工作也证明比之前更为顺畅。

而在中国其他一些企业，信息技术和营销已在电子商务等特定部门合二为一，并获得可喜成果。不过，虽然这说明了客户体验技术和卓越运营可以兼得，但仍然面临着该部门本身会沦为公司中一座孤岛的潜在问题。

灵活应变。数字营销瞬息万变，能否跟上这种变化成为中国企业在数字时代越来越重要的制胜因素。在当今的时代，敏捷是至关重要的组织资源，而僵化的组织结构和岗位设置无疑会削弱企业优势。毕竟，每项业务举措都需要特定的技能组合——包括核心技能、配套支持和其他能力；企业若能随时掌握市场的变化脉搏，就能更好地组建团队。

实现数字业务分离。数字业务分离运营模式是指：在核心团队内整合数字化业务活动（包括内容管理、品牌服务和活动管理），同时保持创意设计服务的灵活性。这种模式能够兼顾规模与效益，同时又不影响创造性和灵活性，目前已被广泛应用于全球许多知名品牌，并开始被企业视为一项重要的工具，帮助企业应对CMO和CIO之间脱节的问题。例如，近期我们合作的一家公司，就把全部生产工作整合到了一个平台，然后又把内容管理以及平台本地化外包了出去。

面向未来做好准备。在这个数字化协作的新时代，连接营销与信息技术这两大核心职能正成为至关重要的新焦点。两者不再只是平衡的关系，仅在高管层面展开合作是不够的，还需要组织上的重组。企业应当着手建立一个内部框架，帮助管理协作流程，同时争取CEO或执行指导委员会的支持，推动这一全新举措的顺利实施。同样重要的是，要有能力去重新审视僵化的组织职能，考虑配置新的复合型岗位——例如首席营销技术专家。

关于本次调研

在2013年11月至2014年1月间，埃森哲面向来自全球11个国家和10个行业的1147名受访者开展了在线调查。

此外，埃森哲采访了39名CMO和27名CIO，他们均在总部位于中国的企业中任职，其所在公司年营业收入至少为5亿美元，并且分布于多个垂直行业。

作者简介

周汉擎，埃森哲互动数字营销服务大中华区董事总经理，常驻上海，Jason.h.chau@accenture.com；
林俊彬，埃森哲互动数字营销服务主管，常驻香港，Irwin.lim@accenture.com。

延伸阅读

《制胜之道：打好 CMO 和 CIO 的配合战》

特写
新兴技术

挖掘 3D 打印的颠覆性潜能

罗斯·拉斯马斯（Russ Rasmus），苏尼·韦伯（Sunny Webb），马修·肖特（Matthew Short）

在这个全新的数字化商业版图中，3D打印技术无疑是其中重要的一块拼图。借助数字化供应网络，3D打印技术能够推动企业创新、创造新价值并颠覆传统商业及运营模式。那么企业要做些什么才能充分利用这一技术？

新兴技术

如今，企业运营处处都离不开数字技术。商业大师杰里米·里夫金（Jeremy Rifkin）认为数字技术是“第三次工业革命”的一个重要支柱[1]。数字技术不仅是传统商业模式的颠覆者，也是新商务渠道和客户关系的缔造者。据思科系统公司（Cisco Systems, Inc）估计，从现在到2022年，“数字化颠覆技术”将创造约14.4万亿美元的潜在价值[2]。

埃森哲认为，全球性数字化网络简化并加快了产品、材料、零部件以及更重要的一点——信息之间的流通，从而构成了一种新的生态系统，而数字化供应网络（DSN）正是这种新生态系统的支柱（见图1）。

图1 线性供应链正在向环状数字供应网络转变，从而让运营流程更灵活

传统供应链

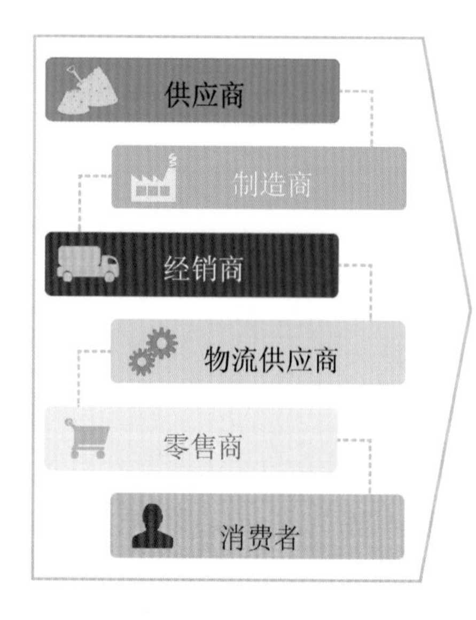

数字化供应网络

数字化供应网络不仅能帮助企业更快、更有效地合作，还能让企业随时随地调用大量信息。依托于数字化供应网络，3D打印技术可以显著提高产品迭代速度；并以经济可行的方式实现商品及零部件的大规模定制；而所有这些都会促使企业以全新的角度思考制造、供应链管理和客户服务。

本文将从三方面探讨3D打印技术如何借助数字供应网络推动创新、创造价值以及颠覆传统商业及运营模式。

1 第三次工业革命。
2 思科公司报告：《拥抱万物互联，抓住14.4万亿美元的潜在机遇》。

3D打印技术入门

3D打印机利用增材制造技术，而传统制造基本采用的是减材工艺，在铸造、塑模、成型、抛光和组装部件的过程中通常会产生废料，而相同的部件使用3D打印机可以一次性流畅成形，基本无废料。

3D打印最常见的方法是熔融沉积成型法（FDM），即用丙烯腈-丁二烯-苯乙烯（ABS）和聚乳酸（PLA）等塑料打印出不同的形状。将材料加热至熔融态后，随着喷嘴沿着XY轴的机械移动，分层向下挤出。随后，喷头略微上升高度，重复操作。

对于带悬垂结构的物体，制造商可使用多种打印材料。其中一种材料可以起支撑作用，并且在后续处理过程中可以轻易去除。其他技术，如立体平板印刷和激光烧结，则是利用激光将合金或粉末精确加热，再使其固化。这些激光技术可有效使用FDM无法处理的金属材料。无论是塑料还是金属材料，3D打印机的压力和温度阀值都会越来越高，而且由于无需焊接，许多产品比之前通过工程设计生产出来的产品还要坚固。

过去，3D打印机主要用于模型制造，所以市场较小。不过，随着新应用不断涌现，市场需求逐渐增加，也带动了价格下跌。预计未来，企业的3D技术投资会侧重在速度、精确性和输出能力提升方面，从而使3D打印机更大批量地制作更复杂的产品。

最近，美国能源部橡树岭国家实验室（Department of Energy's Oak Ridge National Laboratory）和辛辛那提机床制造商宣布了一项合作。双方将研制一种新型3D打印机，其速度是目前大多数打印机的200至500倍，体积是现有打印机的10倍。此外，随着激光烧结等技术专利的到期，预计未来将涌现出更多的创新。3D打印机与传统减材制造工具相结合，制造出的金属零部件不仅可以媲美甚至能超越传统技术生产出的产品。而采用3D打印技术，用料更少，产品形态各异而且更轻巧。例如，通用电气正在“打印”的喷气发动机托架，重量上较之前轻84%。

3D打印改变制造业格局

史泰博公司（Staples）和亚马逊公司已经推出了初级3D打印服务，实现了消费产品的即时生产。通用电气油气部门计划用3D打印机试生产燃气涡轮的金属燃料喷嘴。福特汽车公司用3D打印技术制作汽缸盖、刹车片、换挡手柄和排气口等汽车零部件的模型。加利福尼亚州的一家公司甚至尝试用3D打印机建造房屋。除此以外，3D打印机还被用于打印医用移植体、珠宝、根据球员脚型定制足球靴、灯罩、赛车零部件、固态电池以及定制化手机等。

可见，3D打印技术的应用不断扩展，并呈快速增长之势。根据沃勒斯联合公司（Wohlers Associates）和德意志银行的研究，2010年到2014年，3D打印市场

图2

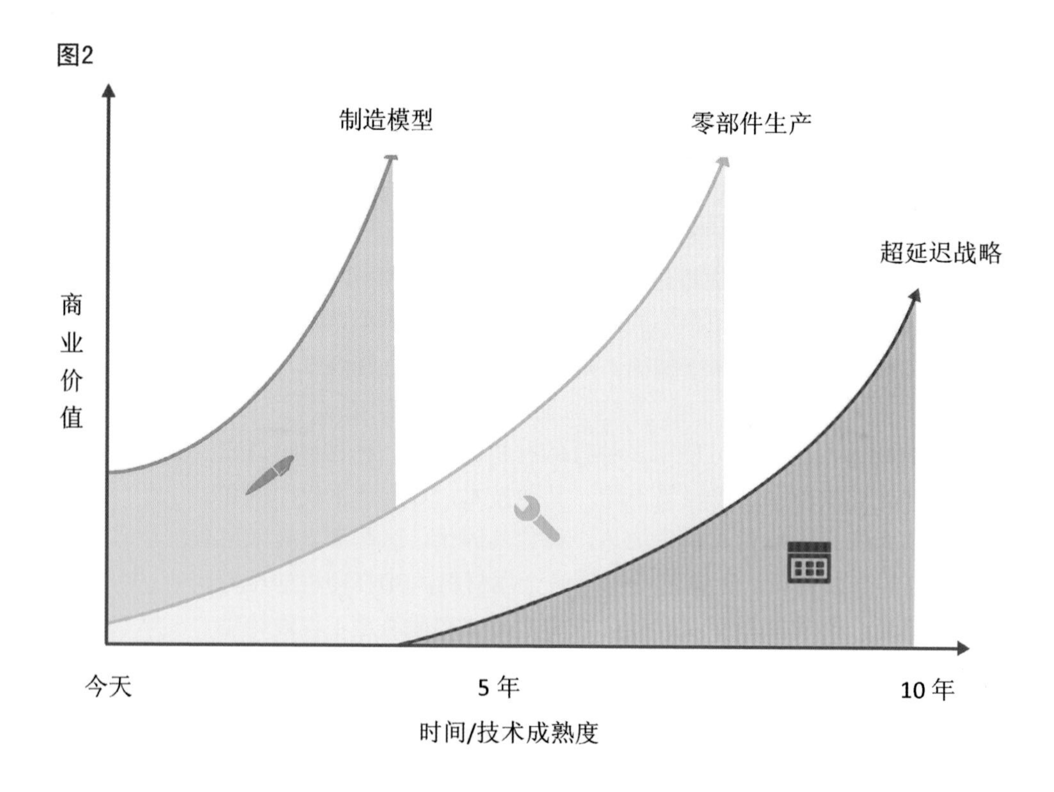

翻了一倍多，且年复合增长率高达27%。杰弗瑞投资银行（Jefferies LLC）预计，至2021年，3D打印市场的年复合增长率将超过22%；沃勒斯估计，到2021年，3D打印市场的规模将达到60亿美元。

同个人电脑和互联网刚刚问世时一样，虽然3D打印技术潜力无限，但现阶段还无法完全释放出来。不过，在某些领域，3D打印技术确实带来了潜在机遇，比如制造业。因为3D打印技术令数字世界和现实世界之间的界限变得模糊，而在埃森哲看来，这正是颠覆了很多产业的主要力量。

快速模型制作与批量定制

制造业的传统优势是快速、高效、大批量地生产相同或相似的产品；而小批量和定制化生产却一直是个难题。3D打印技术彻底改变了这种模式，虽然3D打印目前还不适合进行大批量生产，但它在生产过程中无需特殊的模具、夹具等工具，因此可以解决小批量生产的经济性问题。3D打印机收到产品的数字化参数后便可以进行制作，还可以根据实际需要随心所欲地调整数量。因此，3D打印技术将改变模型制作流程，把批量定制带到一个全新水平。

许多行业都已将3D打印机用于模型制作——3D打印机不仅为他们节省了时间和大量开支，还能生产出更好的产品。以某消费品公司为例，该公司以前在一个地方生产一件样品要4天时间，然后还需要把这些样品运送到各个工厂。如今，给设计师和工程师配备了3D打印机之后，借助成熟的数字化网络，该公司旗下每家工厂都可以在当地打印出一样的样品，然后及时有效地沟通设计意见，并基于反馈意见做出修改。结果，模型制作时间减少了75%，现在设计人员可以将大部分精力集中在产品设计上，而不是像过去那样花在反复沟通、修改模型和协调运输方面。

在批量定制方面，3D打印技术同样大有可为。假设一个消费者要买一把新的门把手。在过去，他的选择局限于已经设计好的成品，因为这种方式对于生产者而言是最经济、最高效的，但对于消费者而言，这些产品有时却无法满足自己的特殊需要。

借助3D打印技术，批量定制变得可行。比如，专业设计师可以把自己的设计上传到类似于苹果应用商店的地方，这样只要有3D打印机，消费者就可以查看各种设计，然后基于个性化需求制造出特定款式的产品。这个过程正是3D打印技术和数字供应网络大显身手之处；数字供应网络可以存储、传送和促进信息的解读，而3D打印技术可以把这些数字信息变成实物。

归根结底，3D打印机帮助企业缩短了制作零件模型和改进设计的时间，并节约了相关成本，还能以更经济的方式为每类产品分别制作模型，从而兼顾到不同的尺寸和配置要求，最终推出多个产品线。随着更多的公司搭建起自己的数字供应网络，未来将有更多的产品设计方案轻松地在企业间分享，从而汇聚设计师、供应商、制造商、物流人员、商业伙伴甚至客户多方力量，以更低的成本生产出更好的产品。

打造数字化新生态系统 满足3D打印技术需要

数字技术正在改变产品设计、制造、评估、购买和消费方式，这点已经成为共识。然而，数字技术对企业战略、产品质量、信息安全、售后支持甚至商品化究竟会有怎样的影响？目前还没有明确的答案。

目前数字技术可以将设计师、供应商、制造商、物流人员和消费者有效地连接起来，很难想象未来数字供应网络还将如何演变。我们知道它拥有巨大的颠覆性潜能。想想数字化给出版、音乐、摄影和电信等行业带来的巨大变化。例如，过去音乐都存储在唱片、磁带或CD等实体介质上，而今，大部分音乐都转为数字格式，于是诞生出一个完整的数字供应链：从作曲、录音、到发行再到消费，完全颠覆了旧有模式。

对在位企业而言，数字化带来的机遇远远大于挑战。随着更多零部件有了数字化文件存档，企业能够更好地在组织内外展开协作。以3D打印为例，一个统一的平台能连接起原材料供应商、物流和制造商，它们之间可以共享设计文档，从而加快决策进程，生产出新的、更好的零部件，加快生产和交付时间。而得益于创新的零部件设计、更低的货运量和运输成本、更多的生产和外包机会以及大规模定制的可能性，未来很有可能会催生出一种新的经济模式。

凭借适当的数字版权管理技术，新生态系统下的版权所有者也无需担心版权保护问题。一旦部件生产出来，先进的扫描技术可以保障产品品质。最终，数字供应网络将成为上下游企业建立基于合同或临时性生产关系的渠道，从而降低企业风险，使其能够快速应对需求变化。总之，3D打印简化了产品以及产品零部件的制造，真正做到随时随地满足客户需求。

要想充分利用这些创新，需要建立一个全新的“制造业数字生态系统”，来支持全新的产品设计和生产方式，从而共享设计内容，让生态系统中的企业甚至客户都能够自行生产。在这种情况下，企业可以使用3D打印技术为顾客开发高度定制化的产品。比如，某位顾客想把房子改建成西班牙历史上特定时期的某种风格，设计师和承包商可以不受工作的地域限制与顾客无缝协作，共同制作模型，完善并最终“打印”出窗户、门、五金部件等。

企业运营新视角

这种按需制作零部件及产品的方式能从根本上改变公司的内部运营模式。在很多行业，3D打印都可以降低产品运输量，以及改变原材料运输本身及其目的地。企业须明确哪些产品（或零部件）可以打印，以及需要改造哪些制造、装配和货运环节，而企业和第三方合作伙伴的关系也将大不同：物流服务供应商可以在中央仓库为客户提供3D打印服务。这样，制造商就可以把数字模型的版权卖给物流公司，后者只要在当地打印出产品后再交付给客户即可，而无需再将产品从一个地方运到另一个地方。这一场景给商业教科书的“延迟战略”提供了经典案例。

3D打印和数字供应网络让人们可以从多个角度重新思考供应链管理中的延迟战略。其中一个角度是制定“准时制部件替换”策略。随着生产设备的老化，企业很难做到在仓库中储备充足的备件——尤其是鉴于供应商可能不会把原先的设计和模具全部保存下来。但是通过数字供应网络，3D打印技术可以帮助企业解决这一问题，让企业只有在需要时再去生产零部件，从而解决了备件断供的问题，以及缓解库存的资金占用情况。

例如，要修理机器或是车辆故障，用户可以购买所需部件的CAD图纸，用3D打印机自行制作，而无需找供应商特别定制。随着交付提速和成本降低，这可能意味着：已经停产或者很难找到的零部件突然又能找到了。就像用DNA技术让已经灭绝的物种复活一样，3D打印机可以通过扫描已经停产但仍有需求的零部件让“恐龙”获得重生，“打印”出新的零部件。

这样做显而易见的优势是将停工期缩至最短。而在库存管理方面带来的益处更大，因为几乎每个库存量单位（SKU）都有有限的存放期或是达到某个时点，继续占用物理空间将不再划算。

企业储备数字打印机而不是零部件，同时配以数字系统，用于接收和存储相关模型的文档，从而让企业以经济便捷的方式，获取大量不同种类的零部件，这些零部件只有在需要时才会生产。设想一个制造商或物流服务供应商，经营一支由飞机、卡车和厢式货车组成的运输队。如果其中一个运输工具出现故障，那么整个运输队的运输能力就会下降。然而，该公司若是能与运输工具制造商达成协议，获得相关零部件的3D模型数据，就能降低停工时间，只需付出“打印”和安装替换备件的时间。

建立内部零部件延迟项目的第一步是了解哪些零部件适合用这种方式管理。方法是，从产品生命周期管理（PLM）系统中提取“制造成本”和“制造所需时间”等数据，并进行打印机的可行性评估。评估需要关注零部件规格以及3D打印机是否有能力复制这些规格。关键参数包括尺寸、材料类型和必要的操作压力以及温度阈值。至此，可以拿到一份初步可打印零部件清单。此外，若能量化3D打印相对于减材工艺的优势（如加快交付速度，降低物流成本，提高质量），进而探寻新材料的使用和设计，或可带来更多机遇。通用电气就是很好的例子，该公司将喷气发动机喷油器作为一个单独的组件通过3D打印再造，而不是像以前那样用20个零部件进行组装。

3D打印技术的另外一个作用是促进可持续生产。比如，某零售商一下子收到了一大批货物，零售商必须以较大折扣甩卖，否则就得将货物再退给制造商，从而增加了某一方的运输成本。然而，如能重新设计运营流程，由当地货运商或零售商将货物按需打印出来，上述结果都可避免。此外还需要建立各种机制，确保可以随时将原材料用于生产其他产品或销路更好的新设计。无论是哪一种情况，都能避免浪费、降低货运量并减少环境负担。

名词解释

延迟策略是指尽量延迟产品的生产和最终产品的组装时间，就是尽量延长产品的一般性，推迟其个性实现的时间。延迟策略能将供应链上的产品生产过程分为“不变”与“变”两个阶段，将不变的通用化生产过程最大化，生产具有通用性的标准部件，当接到客户订单时，企业便能以最快的速度完成产品的差异化过程与交付过程，以不变应万变，从而缩短产品的交货提前期，并降低供应链运作的不确定性。

让理想照进现实

只要谷歌一下“3D打印”，就能看到这种强大技术在当下和未来不计其数的应用场景。3D打印技术目前在理论上拥有无限可能性，这场景堪比20世纪下半叶计算机、智能手机和互联网带给人们的遐想。

当然，遐想总是比实际行动容易得多。真正行动的话，企业需要搞清楚如下的问题：什么样的想法真正切实可行？哪些考量指标至关重要？哪些计划最值得仔细研究？需要哪个层面的战略和运营改造？以上问题需要扎实的专业知识、审慎的研究和大量的工作。

一个简单但有效的思路可以指引企业对3D打印和数字供应网络进行初步探索，这个思路是：

当前研究的这种技术能否帮助组织变得更……

互联？ 是否有助于提高流程的实时可见性和无缝协作？

智能？ 能否带来更多可执行的洞见、自动化执行和加速创新？

可扩展？在何种程度上帮助公司提高效率，增加灵活度？

快速？能否帮助公司更主动，更快响应，并且提升延迟战略？

为帮助企业抓住3D打印技术带来的契机，埃森哲开发出一套诊断工具，用于判断哪些零部件和产品可用于3D打印。该方法覆盖多种商业价值杠杆，如备货周期和单位成本——从而有助于帮助企

图3 将3D打印技术融合到现有业务的路线图

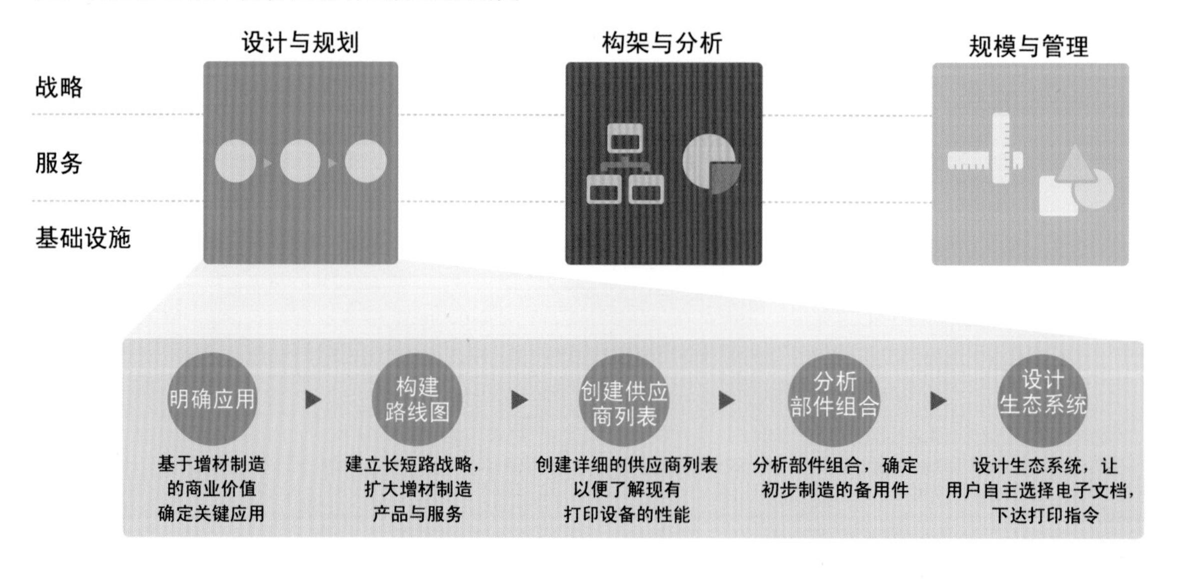

业建立起3D打印的商业项目（见图3）。

随着新应用的不断涌现，3D打印技术在推动增长、盈利和提升竞争优势等方面似乎具有无限的潜力。希望通过本文的深入分析，企业能对3D打印技术短期和长期影响有所了解，从而开启您的3D打印之旅。

作者简介

罗斯·拉斯马斯，埃森哲战略咨询，russell.rasmus@accenture.com；

苏尼·韦伯 ，埃森哲技术实验室，sunny.m.webb@accenture.com；

马修·肖特，埃森哲技术实验室，matthew.t.short@accenture.com。

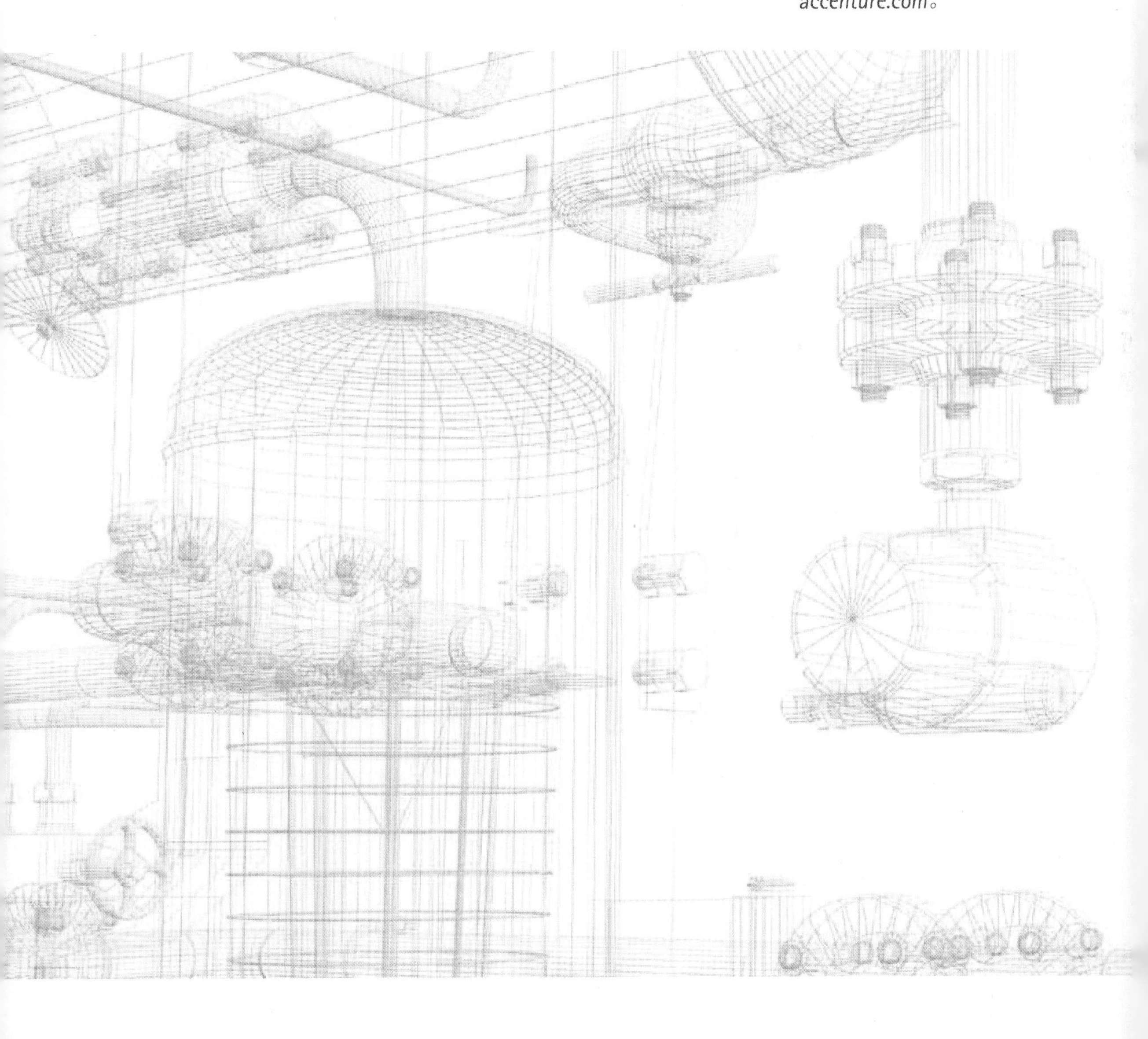

迈向商用无人机时代

纳瓦德（Walid Negm），穆兰祈（Pramila Mullan）

商用无人机正成为一项极具吸引力的技术，它可以帮助企业降低成本、规避安全风险、提高生产率和竞争力。如今商用无人机市场正蓄势待发，应用前景广泛，甚至有可能彻底颠覆企业未来的运营方式。

思维敏锐的业务管理者总是在寻找各种机遇降低成本、规避安全风险、提高生产率并加强竞争力。而无人驾驶飞行器（UAV）——即通常所说的“商用无人机”，正日益成为一项极具吸引力的技术，帮助他们实现该目标。

过去几年中，商用无人机已在少数业务环境中成功部署，并且在某些领域崭露头角、实现了可观的商业价值。例如，BP集团2012年在阿拉斯加利用商用无人机进行的管道巡检试验；荷兰皇家壳牌公司尝试用商用无人机进行土地勘察；亚马逊公司也宣布推出亚马逊空中王牌服务（Amazon Prime Air），预计最快到2015年即可实现商用无人机包裹投递。

有鉴于此，相关企业应该从分析自身定位、确定运营流程切入点和提高自身商用无人机使用能力三个方面入手，积极开发商用无人机的价值。

知己知彼 明确定位

“兵马未动，粮草先行”，企业若要充分发掘商用无人机的价值，必须做好各项准备工作，而分析企业自身定位是第一步。企业要了解全球商用无人机的发展环境，分析市场可行性和解决方案的复杂性，之后就可以根据需要，选择商用无人机平台。

全球商用无人机的发展环境

纵观全球，由于各家企业处于实验、研究和商业模式论证等不同阶段，因此商用无人机的应用参差不齐。在日本和澳大利亚等未发布严格监管要求的国家，商用无人机的应用进度不断加快；但在英国和加拿大，其应用却受到诸多限制；而美国则处于早期试验阶段。

中国的商用无人机也在逐步发展中。从2003年5月1日开始施行的《通用航空飞行管制条例》，到2013年出台的《民用无人驾驶航空器系统驾驶员管理暂行规定》，期间民航主管部门颁布了多份管理文件，主要解决无人机的适航管理等问题。自2014年8月1日起，中国相关行业协会开始对无人机操作培训机构进行审核，意味着商用无人机在中国进入“持证上岗”时代，也预示着商用无人机将在规范化的政策和商业环境中迎来广泛的市场应用前景。

市场可行性

面对各国不同的监管及发展环境，企业应用商用无人机主要取决于市场可行性和解决方案复杂性这两项变量（见图1）。

从国家监管的角度看，随着某些国家批准将此类飞行设备用于执法和应急响应，商用无人机市场蓄势待发。与此同时，仍有许多国家继续对无人机商用进行严格监管。尽管各国进展有所差异，但美国航空航天业研究机构蒂尔集团（Teal Group）预计，未来十年，全球商用无人机方面的开支将翻一番，逼近900亿美

图 1 根据市场可行性和解决方案的复杂性，不同行业的商用无人机应用情况

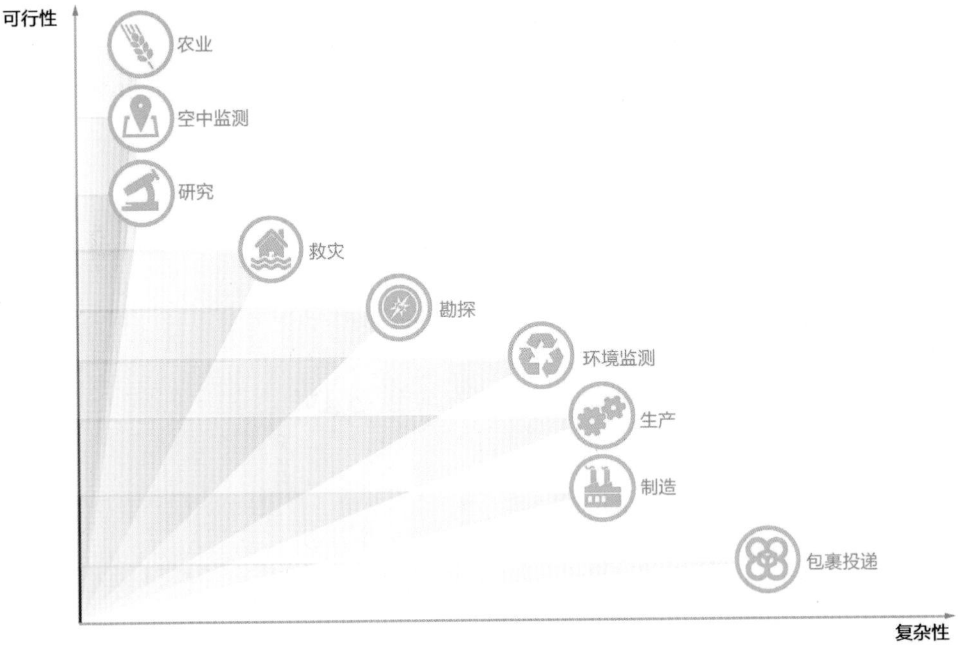

元，其中美国的投入最为庞大，将占到研发经费的62%，采购支出的55% 。

从企业的角度看，商用无人机的应用前景同样乐观，有望改变应急响应、粮食种植、生产制造设备检查等一系列企业运营方式。随着市场发展，许多不同垂直行业都将探索利用商用无人机代替或加强人工环节，实现工作流的自动化，而油气及农业等行业更是一马当先。

解决方案的复杂性

确定商用无人机解决方案的市场可行性之后，还要分析解决方案的复杂性。必须注意的是，商用无人机技术未来有可能彻底颠覆企业的运营方式。随着企业逐步利用商用无人机代替人工操作，它们需要解决诸多运营挑战，通过调整基础业务流程，在员工、飞行器和IT系统之间创造协同环境。此外，企业还必须明确，工作流程中哪些任务能实现电子和机械自动化，以及能从自动化采集的数据中获取哪些真知灼见。

只有准确分析解决方案的复杂性，才能充分做好准备，在商用无人机开发利用之旅上先人一步。

选择商用无人机平台

企业在完成市场可行性分析和解决方案复杂性分析后，下一步是着手建立自己的商用无人机平台。企业可根据控制力度或自动化程度，从以下三种商用无人机平台中做出选择：远程控制型、任务跟进型、半自动到全自动型。

远程控制型平台最为简单，飞行器无法自我操作，必须依靠人工操作来完成任务。远程控制型平台可按照指令作出具体动作并改变飞行模式，每次任务都要全程引导。通常情况下，远程控制型商用无人机需要在导航员的视野内，导航员在地面或其他飞行器中指挥。

任务跟进型平台具有学习或模仿任务执行的能力，可复制任务的执行，直至收到命令或者发生预先设定的特殊情况才会停止。任务跟进型商用无人机内置电脑，有无人工监控都可飞行。

半自动到全自动型平台会被预先设定一项或多项任务，并能实时获取传感器数据及到达目标位置，飞行过程中可凭借人工智能和对周围环境的感知来解决问题。

人们常说的智能型飞行器即指上述任务跟进型或半自动至全自动型平台。

> 企业可根据飞行和操作时所需的控制力度或自动化程度，从以下三种商用无人机平台中做出选择：远程控制型、任务跟进型、半自动到全自动型。

选择切入点

企业充分分析并认识自身定位是无人机商用的第一步，接下来需要确定具体的运营流程切入点。商用无人机具备出色的遥感、执行和预测功能，显著地扩展和增强了人们的工作能力，并给企业运营带来了诸多好处。企业应该根据自身目标选择以下一项或几项作为运营流程的切入点。

降低成本

成本管理是企业日常经营管理的一项重要工作。企业的成本水平不仅决定着生产经营效率的高低，还直接关系到企业的竞争。

商用无人机可执行简单的自动化任务，从而降低劳动力成本。例如，直升机的管道空中巡检成本约为每小时3000美元。而商用无人机可显著降低这笔开支，而且通过在同一个平台上搭载多种传感器，还能大大提高监测准确性。瑞士水泥生产商霍尔希姆公司（Holcim）已开始利用商用无人机采集当地采石场的开采量信息。以往，这一流程需要五天时间，现在只用半天，大大降低了成本、提高了效率。

降低安全风险

油气行业的某些跨国企业已经为管道监控与巡检部署了商用无人机。他们发现，这种设备能显著提高操作安全性。

企业对安全问题的关注始终重要。在污染或有潜在安全问题的地区，商用无人机能帮助企业开展勘探工作，甚至运送供给物资，从而避免员工暴露在相关风险中。例如，日本福岛就曾使用商用无人机评估核反应堆的受损情况。

提高生产能力

在许多行业，企业都能利用商用无人机来补充人力并提高产能。例如，3D Robotics正在与农户合作，了解客户需求，尝试将商用无人机用于农业生产。而能源部门需要保持炼油厂和钻井平台的持续运转，确保能源供应不间断。使用商用无人机有助于避免不必要的生产宕机并减少运营中断，确保油气正常供应。

提高竞争力

核心竞争力是企业的立身之本，企业要有所为有所不为，集中有限资源于核心业务，建立并强化核心竞争力。而商用无人机很有可能成为企业的一项核心竞争力。

事实上，已经有越来越多的企业开始将商用无人机作为一项竞争优势。最引人注目的当属亚马逊，不久前，亚马逊宣布正在尝试于2015年底前实现商用无人机包裹投递；而UPS和联邦快递（FedEx）也在做类似尝试。就中国来看，顺丰速运自2013年以来，也在进行商用无人机快递物流测试。

自身能力建设

清晰定位，明确运营流程切入点之后，接下来需关注如何提高商用无人机的应用能力，从而保证无人机的正常运行，充分开发无人机的价值。

管理整个编队，而非单个飞行器

截至目前，多数商用无人机试验都是在企业内部以高度感性化的方式进行的，并且只涉及寥寥数台商用无人机。但是企业应当预计到，实际需要的商用无人机数量会根据实际情况而有所变化。因此，它们应当努力构建并管理一支商用无人机编队，视具体业务需要，采用固定翼、四旋翼直升机等不同机型。例如，油气公司的商用无人机网络需要足够密集，才能根据管道泄漏风险分析，第一时间到达目标位置。

此外，企业还需使用商用无人机编队管理软件来满足各种需求，包括无人机的使用情况，维护，部署地点、零部件及维修服务等。对于编队运营，企业则需要将工作流程请求转化为各种任务，进而根据商用无人机的使用和部署情况妥善管理和安排。

放眼全球，立足本土

很多企业均有意在全球多个地区使用商用无人机。虽然我们鼓励企业为全球部署做好准备，但企业也需要不断调整相应计划，以适应各地政策与监管——不同国家或地区的差别会非常显著（见图2）。

图 2 全球商用无人机监管差异显著

除法律和监管方面的考虑以外，企业可能还需依法为商用无人机作业购买足额保险，确保发生事故时能获得赔付。保险应同时覆盖商用无人机和潜在的第三方责任。影响保费的因素或包括飞行器类型、重量级别、覆盖区域、潜在用途、导航员资质、飞行空域（海拔、受控制或受限制）以及企业作业管理经验。

目标设计

企业将利用商用无人机收集的传感器数据来获取洞察并指导工作流程。传感器数据可用于预防性维护、运营智能分析和预警型维护。所以企业需要通过数据管理平台捕获、处理和分析输入数据，及时发现需要注意的事件并创建报告。此外，还须将商用无人机数据源整合进端到端的数据供应链中（见图3）。

数据整合和实时处理对推动商用无人机的广泛应用非常必要。埃森哲建议企业采取以下行动：自动化的数据收集，自动化的维护、完善和工作流监测，以及通过数据分析获得关于设施的预测性洞察。基于这些洞察，企业可加速运营决策、改进业务流程——例如，涉及野外人工作业的行业可大幅缩短问题排查的时间，并进行预判型维护。

改变工作方式

为充分发挥商用无人机的优势，我们建议企业将其视为业务流程的重要组成部分，进而改变现场操作员、分析师、IT业务部门的角色。仍旧以油气管道维护为例，商用无人机可作为新型“数字化思维的员工”，代替人工执行泄露监测、

图 3 企业必须将商用无人机数据源整合进端到端的数据供应链中

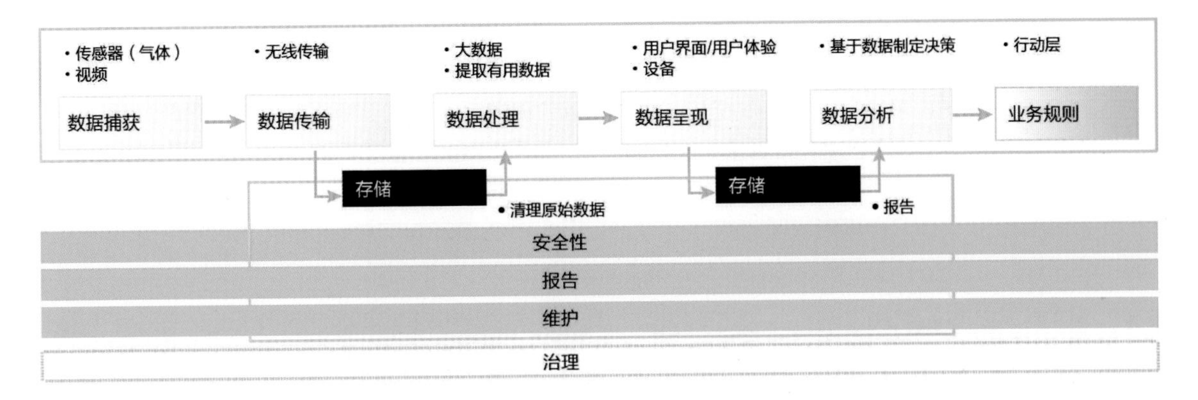

周边巡检和业务运行状态监控等任务。该方法能提高资产的完整性，转移风险，帮助企业加速决策并加强执行监督。

全面强化安全性

无论何时何地，安全性都是重中之重。虽然商用无人机能提高运营效益，但同时企业也必须认识到潜在风险并采取必要措施主动管理，防患于未然。

首先，在硬件方面，商用无人机的工程设计应当包括以下要素：备用的机械部件、准确而稳定的障碍物探测、高容错低误差的空中防撞系统，以及在所有通信过程中严格遵守现代编码协议。此外，商用无人机还需要具有一定适应性，以应对人为通信干扰、设备破坏或传感器收到大量错误信息等意外情况。

其次，在基础架构方面，企业需要部署多层级的安全保障，特别是联系空中交通管理和地面控制的通信连接基础架构。此外，还要制定各项合规、安全及治理政策，以便整合飞行数据并开发多种使用模式。

最后，在运营方面，企业越能深入了解竞争对手，就越能做好充分准备。通过摸清攻击目标和对手实力，以及当前商用无人机作业中的薄弱环节，就能尽早识别甚至避免攻击。最理想的情况是，企业主动搜集各种安全威胁的蛛丝马迹。此外，还应事先做好恰当的人员配置（包括业务、技术和安全部门），从而保证业务正常运营，或对已确认的网络或实体破坏或事故做出切实响应。

当前正是着手规划商用无人机创新应用的大好时机。为此，企业必须深入了解商用无人机对企业现状的影响，充分做好准备，从而在员工、流程及自动设备技术之间建立起全新的互动模式。

作者简介
纳瓦德，埃森哲全球研发部门董事总经理，主要从事产业物联网方面的研究，常驻阿林顿，walid.negm@accenture.com；
穆兰祈，埃森哲技术研究院总监，常驻圣何塞，pramila.mullan@accenture.com。

行业洞察
能源

把脉新能源消费者

丁民丞，张宇

智能手机、互联网、社交工具以及新的消费模式，造就了一批联系密切且需求多样的新能源消费者群体。他们寻求高附加值、个性化服务和社会意义，而这些，都超越了当前能源供应商的能力范畴，但这种变革大潮势不可挡。能源企业要么继续扮演传统的商品及服务提供商角色，要么突破这一模式，转变为全方位的能源服务供应商。

未来的能源消费者是什么样子？下面，就让我们近距离观察一下：

早上，A君在智能手机客户端上选择家庭用电托管，然后就安心地出门了。而此时能源供应商却开始忙碌起来，它们会自动断开A君家中不需要用电的设备，避免电器发热引发安全隐患，并打开安保系统；

上班途中，A君不仅能随时监测家里的实时用电水平，还能及时收到停电或各种事故的通知；

下班回家前，A君口袋里的手机定位系统已经自动触发了家里的空调和空气净化器，早早为主人归来做好准备；

晚上，A君又在浏览各种新奇的能源产品，并在社交媒体上炫耀自己上周新安装的太阳能发电设备已经卖出去了多少度电，结果在朋友圈中获赞无数……

这些场景看起来似乎有些超前，但其实，距离我们的生活并不遥远。

当前世界，能源业面临着前所未有的变革。分布式发电、智能技术及物联网等一系列新技术对能源供应商产生了深远的影响。智能手机、互联网、社交工具以及新的消费模式，造就了一批联系密切且需求多样的新能源消费者群体。他们寻求高附加值、个性化服务和社会意义，而这些，都超越了当前能源供应商的能力范畴，但这种变革大潮势不可挡。能源企业要么继续扮演传统的商品及服务提供商角色，要么突破这一模式，转变为全方位的能源服务供应商。

埃森哲连续五年对“新能源消费者”的特点和动向进行调查，由外而内地审视了在各国能源零售市场正在发生的能源消费变化趋势。我们的研究显示，消费者偏好从根本上推动了能源市场格局的改变，随着消费者越来越关注可再生能源，以及各种突破常规供电服务的技术创新，世界各地的能源市场正呈现出千差万别的发展面貌和格局。

在这种纷繁复杂的格局下，能源企业必须突破常规业务，满足新型能源用户的需求，那么这些新型能源消费者具有哪些显著特征呢？

能源认知水平多样化

新一代能源消费者的能源认知及需求水平各异：既有精通能源知识且热衷此道的达人，也不乏将能源视为一种基本商品的普通消费者。

具有较高能源认知水平的“能源达人”虽然目前数量不多，但却呈逐步增长态势。他们博闻强识，对各种替代能源的来源、结构和环境影响具有独到的个人见解。与之相反，数量庞大的“能源外行”对新能源知之甚少，他们仅仅将能源视为一种司空见惯的普通商品，而这一群体的数量正在逐渐减少。可以说，大多数消费者均处于上述两类人群的中间地带。

“能源达人”对能源管理、能源结构、能源产生方式、新技术和分布式发电表现出浓厚兴趣。根据我们的研究，多数受访消费者（76%）都表示，他们更愿意从已获得“绿色环保”认证的能源供应企业处购买产品；其中一部分甚至愿意

Smappee智能电力监测器

智能家居会让人们的生活更加便捷，但要实现真正意义上的智能，我们必须准确了解和控制每样电器的用电量，这在目前还比较困难，因为绝大多数电器并非智能设备。现在，来自英国公司设计的Smappee智能电力监测器解决了这一问题。

Smappee安装在家庭的入户主电路后，就可以监测家中每一个电器的耗电量，它通过识别和检测电信号来监测每台电器的用电量，并在iOS和安卓系统的配套应用程序中以图标的形式直观显示出来。不论用户家中的电器是否是带有无线装置的智能家电，都可以被Smappee检测。如果用户家中装有太阳能发电板等光伏设备，Smappee也可以追踪，计算出光伏设备的产能。

通过这一装置，使用者不但可以调整电器的使用频率和强度达到节约电费的效果，还可以远程监测未完全关闭设备的使用状况以确保安全。此外，Smappee还有“智能学习功能”，一旦逐渐习惯了用户的用电习惯后，它将自动控制电器的开关。

Smappee的应用程序一方面以折线图的形式来展现家中总的用电量和用电趋势，另一方面在下拉菜单中可以选择每个电器一天中的耗电情况。因此，当拿到异常的电费单时用户可以迅速找到哪个没有及时关掉的电器在费电。

Smappee公司表示，推广Smappee以后，英国有可能一年节省28亿英镑（约合人民币298亿元）的电费，以一个四口之家为例，一年至少可以节省12%的电费。所以尽管Smappee的售价高达169英镑（约合人民币1800元），但是最多一年就可以回本。当前许多国家遭遇经济不景气、能源紧张等困境，Smappe可以帮助用户从自己的小家做起，让节约用电成为一种习惯，为节能环保出一份力量。

为环保产品和服务支付溢价。

未来10年，将会有越来越多的消费者加入“能源达人”的行列，并且在新能源生态系统中扮演更加重要的角色。能源独立和环境影响是新一代消费者强调的两大关键因素。2011年，我们发现，许多消费者开始关注与价格属性毫不相关的价值理念，如降低个人对环境的影响等。近70%的受访消费者在选择用电管理计划时会考虑个人因素对环境的影响。

而“能源外行”们则更注重价格，追求低成本、简单而基本的能源方案。这类消费者对数据隐私更为敏感，也不乐于尝试新的技术。在他们决定是否购买新产品和新服务时，价格和能效等因素一如既往地发挥着重要作用。

实际上，消费者对价格的敏感度日益提升，一旦消费者意识到还有其他选择的余地，并且可以不费吹灰之力就能上网更换能源供应商，那么能源零售市场的波动将进一步加剧。公用事业机构还需不断努力，满足认知多样化的消费者的各种偏好。

青睐一体化服务

消费者对适合个人生活方式的捆绑套餐表现出极大兴趣，因为这种方法的确给他们带来了诸多便利，不论是出于环保、省时还是省钱目的。

虽然能源供应商可以提供的捆绑式套餐已超出传统范畴，囊括家庭互联服务、技术方案、理财、保险、住宅安保等等，但电信及其他供应商也开始将能源与其核心产品和服务捆绑起来，一起投放市场。不过，许多消费者认为，能源供应商依然是他们获取能源服务套餐的首选。

在埃森哲2012年的调查中，有一半受访的消费者表示对供电商提供的附加能源及非能源产品及服务感兴趣。2013年的调查显示，近一半的消费者计划在未来12个月内购买能源相关产品和服务。2014年，多达70%的受访者青睐于通过同一家供应商获取捆绑式监控产品和服务解决方案（见图1）。

图1 大多数消费者青睐于通过同一家供应商获取捆绑式解决方案

在考虑购买监控产品和服务时（如能源管理、预防性健康监测、住宅安保等），您青睐于通过同一家供应商还是多家供应商购买？

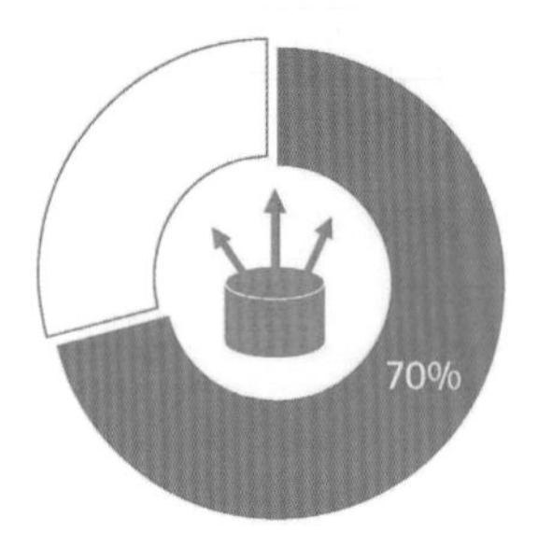

70%的消费者青睐于通过同一家供应商购买捆绑式解决方案

在考虑购买太阳能产品、监控解决方案和电动汽车时，您青睐于选择同一家供应商还是多家供应商？

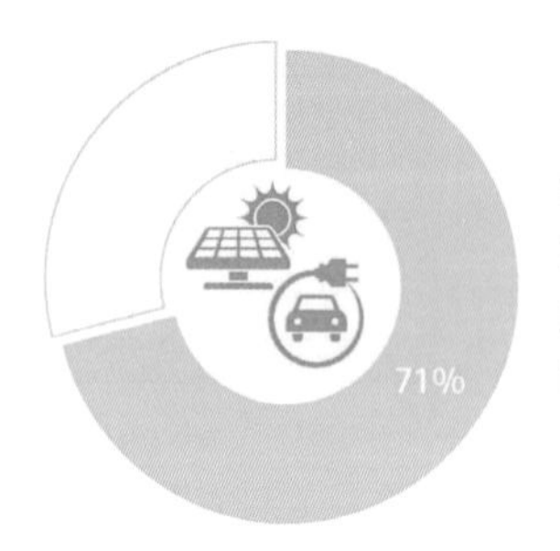

在购买太阳能产品、监控解决方案和电动汽车时，71%的受访者认为能源供应商是前三大首选供应商之一

数据基础：所有受访者。
资料来源：2014年埃森哲新型能源消费者调查——构建未来。

相比全球消费者，中国消费者更愿意从能源供应商处购买捆绑式的解决方案。83%的中国消费者希望从其能源供应商那里购买包含互联家居、电动汽车充电服务、后备能源、能效管理等一揽子新兴产品及服务。在新兴产品及服务方面，中国消费者最感兴趣的前三项是：以节电为目标的能源监测服务、家庭用电自动化管理设备和节电产品。

同时我们发现，在提供综合服务方面，能源供应商面对的市场竞争越来越激烈，比如，电讯企业开始提供智能家居设备，安保公司提供能源管理解决方案。澳大利亚Dodo公司以低廉的价格提供电信和保险产品，其产品范围不断拓宽，最终涵盖所有家居服务。其中包括固话、移动电话、互联网和警报监控，以及煤电产品。其捆绑销售产品折扣高达七至八折。但目前还没有一家供应商能够独霸家庭互联的整条价值链。因此，能源供应商在捆绑服务套餐领域面临着重大机遇。

“产消合一”的消费者

由于住宅太阳能及其他分布式发电形式的不断普及，供应商正面临一种全新的发展态势：即消费者在逐步成为所谓的“产消合一”，也就是说，消费者生产自用能源，并在某些情况下，将这部分能源回售给电网。

2012年，浙江省内嘉兴、富阳等多个地方开始推行屋顶发电，每家每户屋顶装一套光伏发电设备，杭州富阳的一些农户家中装了两块电表，一块是记录家庭用电量的普通电表，另一块连着屋顶，太阳能发出的电经过这块电表流向国家电网。按照最便宜的光伏陶瓷瓦计算，每户平均50平方米的成本是45000元。而50平方米的光伏瓦每年可以发电4500度，每度电费近0.6元，每发一度电政府补贴0.6元，每年可收入5400元，8年多时间就可以收回成本。按25年的发电寿命计算，每户可发电112500度，可节约煤炭52吨，节约用水519吨，空气中可减少129吨二氧化碳和35吨粉尘[1]的排放。

埃森哲预计，购买方和供应方将逐步融合趋同，尤其是频频出现电力短缺的发展中市场，以及能源成本及财政补贴较高的发达市场上。某些市场上，太阳能正成为一项首要的新兴技术，可为家庭和商户提供更具性价比的微发电解决方案。

但消费者对太阳能产品和服务的认识水平还较低，我们的调查显示，只有约三分之一的受访者熟悉屋顶太阳能产品，而了解社区太阳能项目或太阳能服务的受访者更是屈指可数（见图2）。

一方面，消费者希望逐渐减少对传统能源的依赖，减少环境污染，降低用电成本。另一方面，各种创新型企业开始纷纷进入该市场，太阳能家庭解决方案、社区太阳能计划和相关支持服务（从自动化支持到融资工具）的种类也在日益丰富。在获取太阳能产品和服务方面，能源供应商的受欢迎程度仅次于专业服务公司，在中国，66%的受访者表示，在购买太阳能产品时，会青睐目前的能源供应商。电力企业在提供太阳能产品方面仍然具有优势。

喜欢数字互动

对新一代消费者而言，数字技术不仅是一种渠道，更是一种生活方式。他们希望随时随地获得轻松便捷的无缝消费体验。

数字化技术为沟通提供了更加便捷的渠道。埃森哲研究发现，数字化通知已成为一项重要的沟通手段，在所有受访的中国能源消费者中，94%的消费者愿意接收数字化通知，包括短信、社交媒体提醒信息、电子邮件和手机应用提醒。

1 “富阳17户村民铺了会发电的瓦片 每月省下近一半电费”，新华网，2013年8月8日。

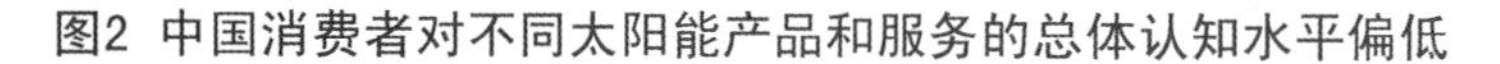
图2 中国消费者对不同太阳能产品和服务的总体认知水平偏低

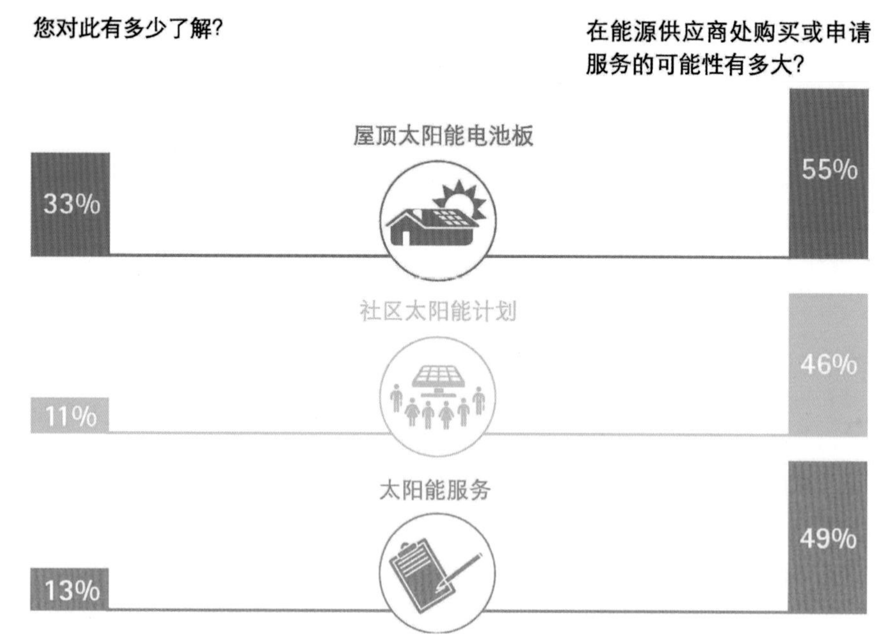

资料来源：2014年埃森哲新型能源消费者调查——构建未来。

近三分之一的受访消费者表示，他们乐意通过社交媒体与能源供应商直接互动，其中一个重要原因是想获得“快速便捷的服务”。

不仅大部分消费者都在参与社交平台，而且相当数量的消费者愿意以个人信息换取费用优惠，为获得更具个性化的服务，一半受访消费者表示，不介意向供应商提供自身及家庭信息，四分之三的受访者表示，如能享受到某种激励机制，他们会积极说服亲朋好友申请与能源相关的产品和服务。

不过，消费者的数字化体验目前并不尽如人意，数字渠道存在各种亟需解决的不满意因素（见图3）。就与供应商互动较多的消费者而言，他们更青睐于直接与客服代表沟通，从而加快问题解决、获得更加个性化的服务以及更加详细的信息或建议，而这最终推高了交流成本。

与此同时，我们发现，67%的数字渠道消费者（通过网络门户/网站/手机应用）对能源供应商的服务表示满意。相比之下，只有58%的非数字渠道消费者满意其能源供应商的服务。消费者对数字渠道的兴趣和使用也与日俱增，但仍有一半以上的受访者从未尝试过使用虚拟渠道来完成与能源供应商的互动，所以能源供应商在鼓励消费者使用这些渠道方面仍大有可为。

机遇与挑战并存，供应商应寻求转变

能源零售市场竞争日趋激烈。能源供应商应随时做好准备做出新的战略决

图3 能源供应商应妥善处理易导致消费者不满的各种数字因素

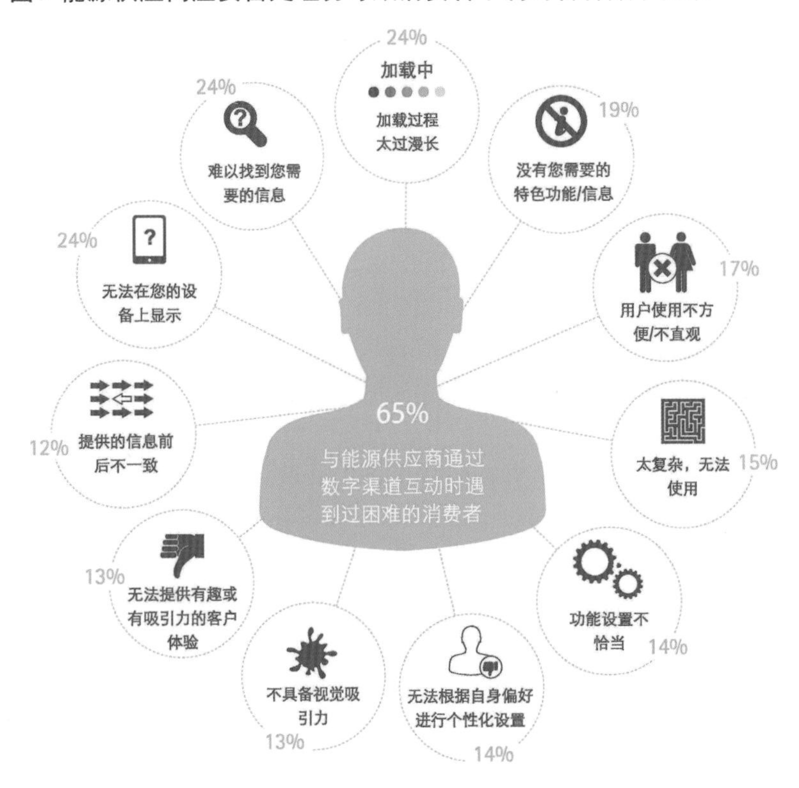

数据基础：所有受访者。
资料来源：2014年埃森哲新型能源消费者调查——构建未来。

策和战略投资，明确自身的核心竞争力，不断满足新能源消费者的需求。然而，在开拓新领域时，能源供应商需要具备以往所没有的能力和极高的灵活性，从而与能源市场中各式各样的竞争者一较高下。要想在利润微薄、竞争激烈的时代中取得盈利性增长并不容易。虽然很多供应商已经开始探索新型产品和服务，但在前进的道路中，成功将取决于企业的市场速度。在竞争性市场中，能源供应商必须以消费者为中心，开发新增长平台，颠覆交流方式，从而在市场中立于不败之地。

以消费者为中心

随着消费者能源意识和认知水平的提升，他们对能源供应商的期望也会不断增加。能源企业必须秉承以消费者为中心这一理念，针对特定消费人群提供适当的增值产品和服务。消费者的能源认知水平不同，因此供应商需要提供更加丰富的产品和服务，简化流程，并针对特定能源消费者的需求变化提供个性化服务。

消费者的需求也是不断变化的，供应商需要不断关注他们的变化动向，并为此制定计划。比如在今后五年，对互联家居产品和服务感兴趣的消费者数量将激增。越来越多消费者为家中添置了各种联网设备，厨房电器、电视、自动调温器、灯具、锁、电话和电脑都变得更加“智能”，而能源依然是将它们连在一起的纽带，所以能源供应商可充分利用一劳永逸式服务的便利性，吸引更多消费者采用家庭互联技术。

事实上，由于能源供应商在客户互动、客户细分和智能电表使用数据等方面的良好能力，它们具备独特优势，可通过日益丰富的产品和服务为家庭提供支持，利用电力行业数据可给用户提供更加丰富的增值服务。例如，通过提供各月份分时明细用电示意图，让用户了解自身用电习惯，并能根据需求进行调整。

当前正是能源供应商与消费者关系的重要转折时期。供应商可通过积极推进一体化解决方案，满足新一代消费者的需求。电力企业应时刻基于消费者来进行能源创新，构建新一代竞争力。

开发新增长平台

随着智能电网基础设施的部署，能源生产有望进一步大众化。“产消合一”是许多能源供应商面临的一个重要市场变化。而成功的供应商应建立以“产消合一”为中心的工作方式，即挖掘新的增长平台。

分布式发电和屋顶太阳能等技术的发展势在必行，而推动这一趋势的力量则是不断成熟的颠覆性技术，如燃料电池、储能电池等。能源供应商应当制定全新的策略，以新的工作方式应对挑战。

这种全新工作方式的核心在于依托先进的数据分析法和数据管理，基于深刻洞见进行决策。虽然能源供应商在此方面取得了一定进展，甚至掌握了智能电表使用数据，但目前他们仍缺乏必要的系统和数据整合能力，尚未实现数据的真正价值。事实上，从企业视角分析数据，构建新的数据来源，建立散户数据收集能力，支持面向成果的决策和体验建模，这些都是上述增长平台的关键所在。

总之，供应商要重新定义与消费者的关系，在新的工作方式中充分发挥各种互动及行为分析法的优势，找到新的增长模式。

颠覆交流方式

要想取悦喜欢数字互动的消费者，能源供应商必须颠覆以往的交流方式。我们已经看到，企业向消费者传达信息的方式正在发生改变。过去五年，社交媒体已经从一个思想碰撞和信息交流的平台，转化成一个广泛延伸的生态系统，能够宣传、销售和支持各种以“社交”为设计理念的产品与服务，影响消费者行为、提升客户满意度。

（下接第118页）

关于本研究

埃森哲连续5年进行“新能源消费者”调研项目，旨在帮助天然气、电力和自来水等公用事业企业了解新兴消费者的需求和偏好，明确新的挑战和机遇，同时关注企业要想在不断变化的能源市场中成功所必须具备的关键能力。

该调研项目通过对全球5万多位终端消费者的访谈获取了丰富的消费者洞见，并探讨了一系列课题。

2010年

“了解消费者的能效偏好”（Understanding Consumer Preferences in Energy Efficiency），从消费者视角为能源行业对智能电表和需求管理的日益重视提供了支持。这项首次调查针对消费者的能效偏好、意识、心理准备和行动意愿等问题产生了极具价值的洞见。

2011年

“揭示新能源消费者的价值”（Revealing the Values of the New Energy Consumer），通过对全球终端消费者进行的调查，探讨了全新能源市场的兴起过程。该项调查主要考察了消费者对公用事业企业或其他供应商提供的非传统能源产品和服务的偏好、看法和关注重点。

2012年

“围绕新能源消费者的可行性洞见”（Actionable Insights for the New Energy Consumer），主要针对新兴能源市场提出了一系列切实可行的洞见，并探讨了相关的战略影响。本次研究探讨了消费者的选择、互联程度及忠诚度，并就消费者期望如何与供应商互动、消费者重视哪些产品以及哪些因素促进了消费者的购买行为和忠诚度等问题，提供了全新的视角。

2013年

“提供全新能源消费体验”（Delivering the New Energy Consumer Experience），着重考察了能源供应商未来如何应对消费者的“不满因素”，并提出了相应观点，帮助供应商满足家庭用户和中小型企业用户的多元化预期和需求。

2014年

“重新认识能源消费者——构筑未来”（The New Energy Consumer — Architecting for the Future），探讨了虚拟客户互动、互联消费者、分布式能源以及新产品和新服务带来的全新机遇。该研究还提出了埃森哲对未来能源消费者的观点和看法。

埃森哲2014年的全球调研基于以调查问卷为引导的访谈，由Harris Interactive调查机构代表埃森哲用母语在线完成，受访对象为来自26个国家的13720位居家消费者，其中来自中国的受访人数为500名。该报告充分融合了埃森哲连续五年针对终端能源消费者的调研、消费者和技术发展的趋势分析、埃森哲基于行业经验形成的前瞻洞见以及领先能源供应商的最佳实践。该报告探讨了在虚拟客户互动、互联型消费者、分布式能源、最新产品和服务等领域的全新机遇。

消费者也乐意与能源供应商建立亲密互信的关系，要想吸引活跃在社交媒体中的新一代消费者，能源供应商应积极参与能源社交对话。但我们发现，能源企业仅掌握互动技巧还远远不够，面对社交性、移动性和互联性日益提高的消费者，能源提供商还应设法满足消费者不断变化的期望和偏好。

为此，供应商可将数字与传统渠道有机融合起来，为客户提供无缝体验，及时回答各类消费者咨询，并且在紧急情况下加大支持力度，从而形成一种完整的“全方位参与”战略，同时构建严格的管理流程和工具。

我们看到，有些供应商已经开始利用新的互动平台将数字渠道与其他交互环节紧密结合，满足消费者对速度和便捷性的更高要求。2014年7月初，北京市电力公司正式推出了带有服务功能的微信账号，装有智能电表的用户可以随时通过手机查询实时用电数据、在线购电、获取停电通知和用电知识等。用户还可以随时反馈意见，实现双向交流。提供流畅的自助服务、打造更加先进的互动方式是发展和维系客户关系的重要推动因素，增加消费者的选择并创造个性化体验有助于提高消费者的满意度和忠诚度[2]。

要想推动虚拟互动的普及、吸引更多消费者积极参与，能源供应商还应了解消费者个性化需求的细微差别，并采取相应行动。企业要以动态的视角，对每名客户进行更加详细的分析，只有深入了解特定消费者的价值观、偏好和行为特征，方能取得成功。

变革付费方式

精打细算的消费者期待在付费模式上有更多选择，而支付方式的变革也将为消费者和供应商带来利好。成功的能源供应商应提供各种富有创新的计费和支付方案，为能源消费者创造最大价值。

即便能源供应商不进入这一领域，消费市场上的其他竞争者也极有可能推广使用端的能源销售。事实上，非能源服务供应商正在合力推出创新的解决方案，支持电动汽车用户通过移动应用便捷地支付充电费用。

所以，供应商应该重视消费者的各种付费模式需求，尤其是预付费模式。过去，公用事业企业通常会为发展中市场的低收入家庭和流动人口提供预付款服务，支持消费者在能源支出上享受更大的灵活性和掌控度。而在智能电表较为普及的成熟市场中，也已出现很多与之相关的创新，包括费率创新、预付费捆绑服务、预付费电表等等各种能源管理的技术和服务。

为了向大众市场推广预付费计划，能源供应商势必需要对基础

2 “450万居民即日起可微信购电”，北京日报，2014年7月5日。

设施进行重大改造。随着智能电表的普及，基础设施改造边际成本也会随之降低。能源供应商应为预付费方式创造条件，充分发挥预付费计划的潜在优势，促进消费者积极参与，将目标对准那些对控制能源支出最感兴趣的消费者群体。

数字技术的飞速发展与消费者呈现出来的新特点将继续推动能源市场的变革步伐，各种新产品、新服务、新玩家不断涌现，这虽然给能源供应商带来巨大挑战，但也蕴藏着更多机遇。只要能源供应商始终发挥自己的核心优势，密切关注消费者的新需求，并在此过程中不断求变，基于自己的数字洞察推出更加个性化的产品，能源供应商就一定能抓住机遇，克服挑战，继续成为行业中的领跑者。

作者简介

丁民丞，埃森哲全球副总裁兼大中华区资源事业部总裁，常驻上海，michael.m.ding@accenture.com；张宇，埃森哲大中华区能源消费服务董事总经理，常驻北京，rick.y.zhang@accenture.com。

延伸阅读

《重新认识能源消费者：构建未来》

用户体验为王：

移动运营商转型突破点

黄国斌，郭立

今天，中国的移动运营商们面临着前所未有的挑战：传统语音和短信业务增长乏力，市场不断被侵蚀；新推的数据业务只增产不增收。严峻的形势迫使移动运营商开始向数字服务提供商转型。

知易行难，转型不是一件容易完成的任务。随着消费者数字化程度越来越高，他们越来越重视消费体验。面对各种传统和非传统竞争，中国的移动运营商只有紧紧抓住用户体验这一关键点，锻造核心竞争力，提供卓越的差异化数字服务，才能赢得市场。

新竞争，新挑战

随着数字技术和用户消费习惯的变化，中国的移动运营商曾经风光无限的业务正面临重重危机。

以前被视为现金牛的语音与短信业务，经过多年的高速发展，市场趋于成熟和饱和，新用户增长潜力几乎丧失。后来被寄予增长引擎厚望的数据业务，则面临着增产不增收的困境。埃森哲研究显示：全球范围内，电信运营商，特别是移动运营商，都面临着支出增长远高于营收增长的困境（见图1）。

图 1 移动运营商面临着支出增长远高于营收增长的困境

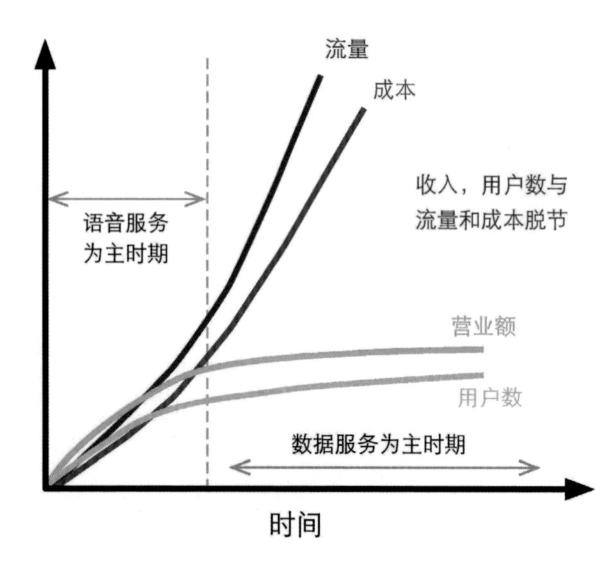

数据来源：埃森哲《未来的电信运营商》报告，公司财务报告&埃森哲分析。

更紧迫的情况是，新竞争对手不断涌现，侵蚀了移动运营商固有市场。具体而言，运营商的竞争压力来自如下四个方面：

互联网巨头的颠覆。在监管、消费理念和文化传统方面，中国市场有其特殊性。尤其是在互联网时代，广大消费者热衷于免费服务，这为BAT（百度、阿里巴巴和腾讯）等企业的崛起提供了条件。

现在，BAT的用户数量已经向三大运营商看齐。更厉害的是，基于不同的运营模式与成本结构，它们以远低于运营商的价格（甚至是免费），提供了类似的通信服务，还能够保持远高于运营商的盈利水平。它们一方面蚕食了运营商利润丰厚的语音与短信服务市场，另一方面，通过在各自平台上为用户做身份认证并提供全面服务，加大了用户黏性，进而削弱了运营商与用户通过号码建立起的联系。

超级平台的兴起。兴起于发达国家的超级平台也开始在中国落地，这给中国的移动运营商带来了竞争压力。超级平台多起源于移动互联网生态系统中的主要参与者，例如服务和内容提供商或者终端厂商。它们为了提高自身的用户黏性，提供一站式服务。它们不断突破行业界限，进入相邻领域，并通过垂直整合策略，满足消费者不同层面的服务和内容需求，从而成为所谓的超级平台。

苹果公司就是典型的超级平台，它通过终端、操作系统、应用商店、消费者云服务等产品和服务组合，大大提升了用户体验及黏性，迫使运营商提供高额终端补贴。苹果在确保自身丰厚利润的同时，迅速降低顾客支付门槛，实现收益最大化。此外，通过移动应用商店，苹果掌控了整个交易流程，使得运营商变成单纯的管道。除苹果外，谷歌和亚马逊也在打造超级平台。而在中国，尽管大体量超级平台尚未出现，但新近崛起的小米等行业领袖已初露锋芒。

企业服务市场的缩水。这个市场竞争日益白热化，随着网络电话与电话会议、各种即时通信工具和协同工作软件的普及，企业对语音、短信、传真等高价值电信服务的需求量大幅减少。与此同时，企业尤其是大型企业，在电信服务方面的议价能力不断上升，网络也不断内部化。

虚拟运营商的挖角。2013年以来，中国开放了虚拟运营商牌照，虚拟运营商的发展势如破竹。知情人士透露，截至2014年11月24日，虚拟运营商放号约110万张。尽管三大运营商通过对虚拟运营商资格的审查和相关转售合约等手段，力图规避在零售业务方面的竞争和对自身价格体系的冲击，但虚拟运营商不可避免地侵蚀了移动通信零售业务。

面对重重危机，中国的移动运营商纷纷提出转型策略，欲转型为数字服务提供商，目的是通过强化与用户的关联和提供更高附加值的服务避免“哑管道化”的困境。

用户体验为王

当今的消费者与过去截然不同：年轻的消费者成为消费主力，他们从小浸泡在各种数字化产品中，每天花费大量时间通过互联网跟他人沟通。在支付、购物、出行、视听等生活方式的各个方面，这些年轻人都喜欢借助网络的力量。随着消费习惯的变化，消费者对相关产品和服务的期望值越来越高，口碑效应显著扩大。此时此景，唯有提供卓越用户体验的服务商才能赢得消费者青睐进而赢得市场（见图2）。

图 2 提供卓越用户体验的服务商才能赢得消费者青睐进而赢得市场

问题：你使用以下应用和服务的频率？回答‘每天使用’的比例。

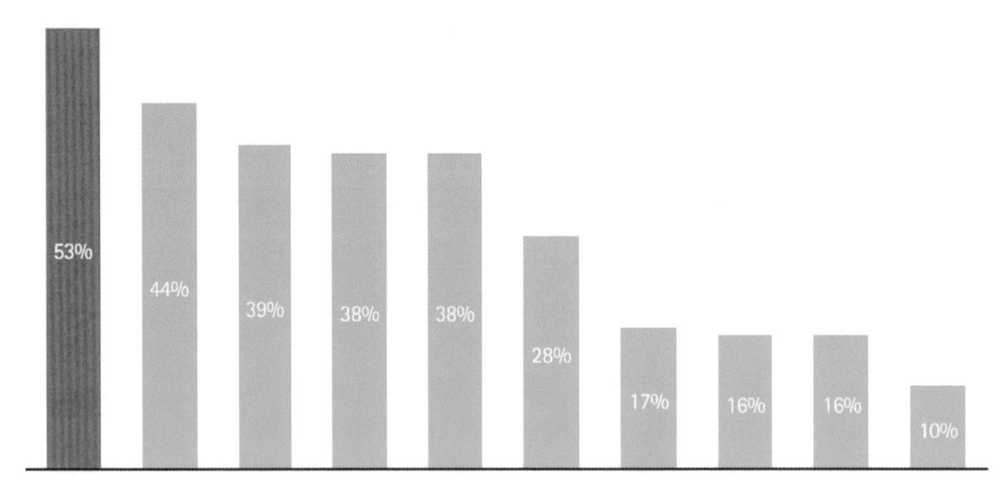

资料来源：埃森哲《不断数字化的中国消费者催生复合型数字化服务》报告。

数字化消费者在消费体验上有如下三种主要期望：

更高的自主权。随着自我意识的不断增强，消费者越来越看重服务商的产品和服务能否满足其自身独特需求。同时他们越来越倾向于选择自我服务的方式，利用多样化的渠道随时随地获得所需服务。

更加多样化的产品、内容和服务。随着网络尤其是移动网络地不断扩展，智能移动设备（比如手机）及网络服务成为消费者的随身物，从而导致需求的多元化。消费者在上下班时观看的视频内容，与在客厅观看智能电视时的内容肯定存在差异。

基于移动功能，更便捷地获取内容与服务。随着移动通信网络性能的不断改善，许多原先只能在桌面端使用的服务和应用都被转到了移动端，并催生了移动应用所特有的基于位置的服务。一些专为移动端开发的应用不断涌现并异军突起，比如微信。这使得消费者对移动网络的依赖不断加深。

对于国内移动运营商而言，在消费服务市场上的成功是其转型成功的关键。一方面，消费服务市场贡献了移动运营商绝大部分营收；另一方面，目前运营商所面临的主要威胁几乎都来自消费市场，例如互联网巨头的市场侵蚀。经过多年积累，运营商在网上内容与服务入口方面占据垄断地位，但在移动互联网时代，这一地位逐渐被动摇，运营商甚至面临在整个生态系统中被边缘化的威胁。

因此，移动运营商转型的核心在于，能否在数字化服务生态系统中重新赢得数字化内容与服务的入口地位，从而主导整个数字化服务生态系统。在当下这种开放和竞争的市场环境中，优于竞争对手的用户体验，成为运营商重夺生态系统主导权的唯一途径。面向数字化消费者提供卓越用户体验，不仅是运营商消费者业务成功的关键，也将对其企业业务的拓展产生积极作用。而消费IT与企业IT的融合，尤其是企业IT消费化的趋势，使得用户体验对于企业服务也变得越来越重要。

卓越用户体验，助力运营商赢得消费和企业服务两大市场

融合、个性化和更强互动性的数字化内容与服务，助力运营商巩固和拓展消费者业务。

由于消费者的预期发生了变化，中国的移动运营商未来主攻方向应是整合的数字化内容与服务。其中，融合的消费者体验将是在这一市场上制胜的关键。

首先是网络平台与设备间的融合与整合。运营商向用户提供融合的固网宽带、移动宽带和WiFi服务，已经成为市场主流。其次，在网络与平台之外，另一个重要的整合与融合领域是服务与内容。未来数字化的服务与内容需要以消费者为中心进行整合，按照它们为消费者提供的价值，形成不同组合。具体体现在沟通、娱乐、家居管理、学习与知识积累等方面，从而实现网络与设备服务与应用层面的内容及服务相融合，成为一个个能够满足特定消费者价值需求的产品及服务组合。

数字化时代，消费者更加青睐与众不同的产品和服务，因而数字服务商要提供个性化的内容和服务方能赢得消费者。借助日益丰富的技术手段，诸如用户使用行为追踪与用户识别等，许多内容与服务提供商已经在向消费者提供个性化的用户界面、有针对性的服务推送等。未来，随着业务分析和大数据等技术的逐渐成熟，服务商将能够提供更加高度定制化的内容与服务，包括更多的内容选项、更加灵活有效的服务与内容组合方案。

更厉害的是，服务提供商通过一些新技术手段，如预测型数据分析和智能分析，能洞察消费者未知需求、潜在需求，因而从被动满足消费者需求转到引领消费者需求。

个性化的另一个重要领域是内容与服务渠道的个性化。针对消费者不同的偏好和使用场景，服务商需要匹配相关内容与服务的交付渠道，并提供更多的渠道选择。渠道选择的多样化不仅包括内容与服务的交付，还应当包括相关售后服务等，使得消费者真正体验到360°渠道全覆盖的优势和便利。

数字化消费者已不再满足于被动、单向地接受来自服务商的内容和服务。他们具有更强的自我意识，要求更高的互动性和参与性。他们希望自己的声音被倾听，对自己所购买和消费的服务与内容施加影响，并把自己的观点和评论与相关人士分享。中国消费者对于用户生成内容（UGC）的偏好就是很好的例证。

企业IT消费者化趋势，提供了拓展企业服务市场的机遇。

企业IT消费者化的核心是用户体验在企业IT领域扮演着越来越重要的角色。IT消费者化的发展，主要由四个要素推动：

一是，在工作性质方面，非常规、需要员工自行决策的工作内容不断增加，对于员工自觉性和敬业度要求越来越高。

二是，从组织结构角度看，扁平化的网状组织盛行，使得传统的指令-执行模式难以为继，员工间的交流与协作日益重要。

三是，企业运营日益全球化、国家边界越来越模糊，员工同外界的交流与合作越来越重要。

四是，员工年龄和代际构成不断变化。在数字化大环境中成长起来的新一代员工，对工作环境中的IT应用体验要求很高。一些消费类设备与应用，例如移动设备、社交网络，以及以游戏化为代表的消费者化工作模式，对于提高员工满意度与忠诚度十分重要。

在IT消费者化趋势下，中国的移动运营商将有更多用武之地。它们能借助其在用户体验方面的优势，在企业服务方面占据先机。这些优势包括：深入洞察用户使用行为和场景，以及应用偏好。同时，在对客户信息的获取、跟踪和订单管理等方面，运营商也具有先天优势。其中，客户信息不仅涉及数字和通信服务，还包括对客户的空间定位等。

不过，我们也发现，IT消费者化在带来价值的同时，也对企业、特别是IT部门构成挑战。因为员工用私人设备或应用办公，增加了IT部门管理内部设备和应用的复杂性。鉴于相关法律规定，企业不得随意碰触个人设备上的私人信息。因此，在面对IT消费者化时，企业需要解决的首要问题是，如何识别连接到公司系统的设备究竟是个人设备还是公司设备。

“在面对IT消费者化时，企业需要解决的首要问题是，如何识别连接到公司系统的设备究竟是个人设备还是公司设备。

企业还要明确可接入公司系统的设备和应用，完全放开设备和应用准入，这需要高度开放的信息系统，意味着IT基础设施架构将承受更大的压力。而在IT系统顺利完成识别后，还需要对接入设备做进一步授权，同时对员工的各类设备做相应的授权管理。这样一来，设备管理的复杂性及风险性都有所增加。由于数据可以轻而易举地在应用间复制，私人设备尤其是移动终端数据泄露的风险非常高。同时，恶意插件、病毒等潜在威胁也不容忽视。

对移动运营商而言，IT消费者化既是挑战又是机遇，必须抛弃传统思维，给企业客户提供全面服务。运营商需要更加关注消费者与其设备和应用间日益加深的互动，深入思考如何在便捷和功能性上给客户带来更多价值。由于IT消费者化重塑了整个生态系统，电信运营商需要在新的生态系统中找到自己的切合点，针对用户当前的需求痛点，提供配套服务。

具体来说，移动运营商可提供“消费者化即服务（Consumerization-as-a-Service）”，开拓数字化企业服务，实现与众不同的价值主张。运营商可以采用与“软件即服务（Software-as-a-Service）”和“基础设施即服务（Infrastructure-as-a-Service）”类似的模式，做“消费者化即服务”的供应商，提供设备管控和技术支持。

此外，移动运营商在账单管理服务的传统领域同样存在机遇。利用这方面的传统优势，运营商可以协助企业实现“账单分拆”，将业务费用和私人费用分离，或是兼顾业务和私人使用情况制定新的价格方案。鉴于企业所处行业和规模性质不同，运营商可提供定制化服务；同时在企业内部，针对不同业务部门的不同职能，如为销售人员和办公室文员配置不同的服务方案。

通过服务和计费方式的整合，移动运营商可以在整个生态系统中建立起整合者的地位，构建可持续竞争优势。对于IT消费者化过程中日益凸显的数据泄露和恶意插件、病毒等潜在威胁，运营商的服务可以提供差异化的价值，帮助企业高管，特别是IT部门解决以上担忧。

未来，无论是在消费市场还是在企业服务市场，谁赢得用户谁就能赢得市场，这一点永远不会变。要赢得用户，中国的移动运营商们需要充分运用包括大数据在内的数字化技术，洞悉消费者需求，打造卓越的差异化用户体验。只有这样，移动运营商才能在新竞争对手不断涌现的情况下继续保持领先地位。

作者简介

黄国斌，埃森哲大中华区通信、媒体与高科技事业部总裁，常驻北京，kuo.pin.ng@accenture.com；郭立，埃森哲大中华区研究总监，常驻北京，taylor.li.guo@accenture.com。

延伸阅读

《未来的电信运营商：复合型数字服务提供商》